図解① 作物生育モニタリング：デジタルカメラ
(2.1.2 項参照)

ICT農業に注目が集まる以前から，圃場にネットワークカメラを設置し，遠隔地に居ながら作物の生長をモニタリングしようとする試みは長く行われてきました．その多くは，カメラ画像を伝送・収集することにとどまり，生育量の評価にまで至っていません．つぎに示す図は，市販のデジタルカメラ2台（うち1台は近赤外撮影用に改造）を使った簡易な生育モニタリング装置（図1）とその撮影画像（図2）です．昼間のインターバル撮影はもとより，夜間のフラッシュ撮影により取得した画像を使うことが大きな特徴です．また，新たに開発したカメラの露出情報を考慮した植生指標はほかに例がなく，葉面積指数・地上部乾物重と高い相関関係にあることが示されています．これらの技術を使うことで，作物生育にともなう植物物理パラメータの季節変化を客観的な数値として評価・記録することが可能になります．

図1 観測装置（米国ネブラスカ州）

図2 カラー撮影画像（昼間）と近赤外撮影画像（夜間）の例

## 図解② 水稲群落窒素含有量マップ作成：航空機ハイパースペクトル観測 (2.2.2 項参照)

群落窒素含有量は収量，米粒タンパク質含有率，外観品質の制御や予測に重要な基礎情報です．そこで，航空機ハイパースペクトル観測データによって，群落窒素含有量の広域分布を評価する最適手法を明らかにし，平野規模でのマッピングを行いました．ハイパースペクトルデータから最適な波長を選定し（**図3**中の矢印），評価式を作成，その式を用いて施肥診断のために群落窒素量を計算します．

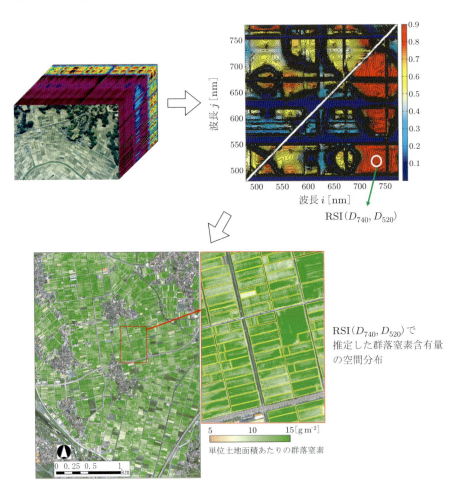

図3 一次微分値を用いた分光指数 $RSI(D_i, D_j)$ の予測力マップ

# 図解③　毎年の水田作付状況の把握：衛星画像

　一般的な土地利用図では，毎年の作付状況の変化を反映して更新し続けるのは非常に困難です．それに対して，衛星は周期的に観測を行っていますので，年々の作付状況の変化を抽出することが可能です．

　図4は，愛知県安城市付近の矢作川の支流について，小流域ごとに作付の変化を衛星画像の解析をもとに地図化したものです．

　2004年に水稲であった圃場が，2005年にはコムギに変化しているところが多く見られます．このように，地域によっては毎年のように水田の作付状況は変化しています．そして，流域全体のトータルの水稲作付面積に大きな変化がなくても，その分布は大きく異なっており，小流域単位で見ると年によって水稲作付面積には差が出てくるのです．

　この例では，光学衛星画像（SPOT）と雲を透過するSAR（RADARSAT）を組み合わせて解析を行っています．しかし，光学衛星画像は雲の影響を受けやすいため，SARのみで水稲の作付面積を把握する手法が提案されています．2時期を利用する方法では，田植期に湛水により鏡面散乱をして後方散乱が弱くなる時期と，その後，生育期になり水稲が生長して後方散乱が強くなる時期との差を利用して，水稲作付地を抽出します（図5）．

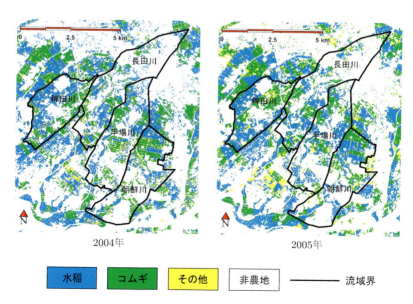

図4　衛星画像を用いた年々の水田作付状況分類図　ⒸCNES/SPOTimage

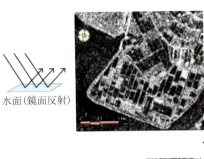
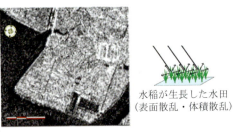

図5 2時期SAR画像による水稲作付地の検出．田植期に鏡面反射し，水稲生長期に大きな後方散乱値を示す部分を水稲作付地とする．Ⓒ CSA/MDA

近年のGISデータの普及に伴い，全国で圃場区画GISデータの整備が進められたことから，平成21〜22年にかけて「水稲作付面積調査における衛星画像活用事業」が農林水産省大臣官房統計部によって行われました．利用する衛星の空間分解能や対象地の特性にもよりますが，3〜8m空間分解能の衛星の場合，平均で90％を超える精度が得られ，条件のよい場合では99％という非常に高い精度が得られます．農地1筆1筆という単位で，このように高い精度で水田における水稲作付の有無が判定できるのは驚異的といってもよく，統計分野以外での使い方も想定できます．

## 図解④ 食糧生産と炭素固定からみた地域スケールの土地利用のシナリオ (2.3.6 項参照)

　焼畑の面積拡大と休閑期間の短縮は作物生産力と大気環境，森林資源に大きな影響を与えます．時系列衛星データ，現地調査，モデルを統合して，地域スケールの生態系炭素ストックを解明し，土地利用シナリオの比較を可能にしました（図6）．食糧生産と $CO_2$ 放出の抑制／炭素固定の増加を両立させる施策の構築を支援します．

図6　衛星画像を用いて土地利用と生態系炭素量の時系列変化を解明
　　　―ラオス山岳地帯の焼畑生態系―

## 図解⑤　GAEN-View:"世界の農業環境"閲覧システム

「衛星画像から得る新たな理解」を多くの人に実感してもらうために，農研機構は，高頻度観測衛星センサデータ (MODIS) が捉えた過去 21 年以上の世界各地の環境変化を誰でも簡単に閲覧できる Web システム「GAEN-View:"世界の農業環境"閲覧システム (https://gaenview.rad.naro.go.jp/)」を公開しています．

たとえば，「2012 年にオーストラリア西部で大干ばつが発生し，コムギが不作となった（図7）」「2011 年にタイで大洪水が発生し，アユタヤ県の日系企業の工場の多くが浸水した（図8）」と文字情報で耳に入ったとしても，その発生場所の地図上の位置関係や被害規模のスケール感を頭の中で，リアルにイメージすることのできる人はあまり多くはないでしょう．「百聞は一見にしかず」のごとく，地球観測衛星が捉えた画像は，世界各地で起こっている農業や環境の変化を，イメージ情報として直感的に教えてくれます．MODIS データのほかに，図解⑥のメコン川下流域の洪水分布図や図解⑦のメコンデルタの土地利用分類図も見ることができます．GAEN-View ではほかにも多くのプロダクトを閲覧できます．お手元のパソコンからぜひアクセスしてみてください．

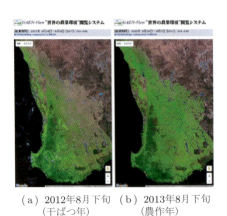

（a）2012年8月下旬　（b）2013年8月下旬
　　　（干ばつ年）　　　　　（農作年）

図7　オーストラリア南西部を表示した例

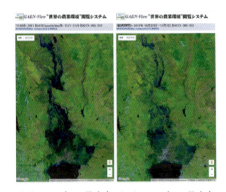

（a）2011年11月上旬　（b）2012年11月上旬
　　　（洪水年）　　　　　　（平年）

図8　タイのチャオプラヤ川流域を表示した例

## 図解⑥　メコン川下流域の洪水分布の変化 (2.3.5項参照)

　カンボジア・ベトナムのメコンデルタでは，雨季に発生する洪水によって，毎年数か月以上の湛水状態が続きます．地球規模の気象変動（エルニーニョ・ラニーニャ）の影響も受け，毎年大きく変化する洪水規模は，流域住民の農業生産活動に大きな影響を与えています．図9は，中分解能光学センサ（MODIS：250m解像度）の高頻度観測データ（1〜2日ごと）を時系列処理することによって明らかにしたメコン下流域洪水の動的変化です．図 (a) は，任意日における湛水状態の推定結果です．図 (b) は，湛水分布図の連続データから，湛水開始日・湛水終了日・湛水期間を推定した結果です．2000年に発生した大規模洪水と2003年の小規模洪水では，氾濫水の時空間的な挙動（拡大縮小過程）が大きく異なっていたことがわかります．図解⑤で紹介した「GAEN-View：“世界の農業環境”閲覧システム」にアクセスすることで，2011年までの洪水分布図をインターネット地図上で閲覧することができます．

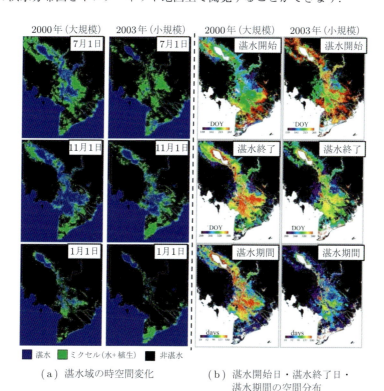

(a) 湛水域の時空間変化　　(b) 湛水開始日・湛水終了日・湛水期間の空間分布

図9　時系列 MODIS データによるメコン川下流域の洪水把握

## 図解⑦　メコンデルタにおける水稲栽培体系・エビ養殖分類 (2.3.5 項参照)

　ベトナムのメコンデルタでは，温暖な気候とメコン川の豊富な水資源を利用した水稲の二期・三期作が可能であり，ベトナムの輸出米（輸出量：世界第3位）の9割近くがここで生産されています．また，沿岸部では，汽水を利用したエビ養殖が盛んに行われ，その多くが日本に輸出されています．図10は，時系列MODIS画像から得られた強調植生指数（EVI）と陸面水指数（LSWI）をもとに，水稲栽培体系（多期作）・内水養殖地（エビ養殖）の空間分布を明らかにした結果です．デルタ上流部では雨季の洪水が，沿岸部では乾季の塩水遡上が稲作の制限要因となります．したがって，季節による水資源の量的・質的制約を受けにくい立地的条件にある中流部において，広く水稲三期作が行われています．他方，オーストラリアのODAなどによる新たな水利施設の整備（堤防建設・水門コントロールなど）によって，上流部・沿岸部ともに，水資源の量的・質的コントロールが可能になり，新たに三期作が行われるようになった地域が増えています．沿岸部では，莫大な収入を得るチャンスのあるエビ養殖地が急速に拡大しており，水田が少なくなりつつあります．図解⑤で紹介した「GAEN-View：“世界の農業環境”閲覧システム」にアクセスすることで，2012年までの土地利用分類図をインターネット地図上で閲覧することができます．

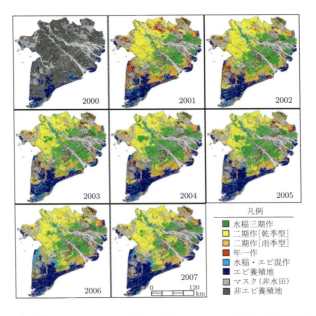

図 10　時系列 MODIS データによるベトナム・メコンデルタの土地利用分類図

# 図解⑧　東日本大震災からの水田の復旧モニタリング

2011年3月11日に発生した東日本大震災では，多くの方々が犠牲となりました．家屋などの物的損害だけでなく，沿岸地域にある農地もまた多くの被害を受けました．とくに宮城県の沿岸に広がる仙台平野は，日本でも有数の水田地帯でしたが，多くの水田が津波の影響を受けました．

そこで，2011年以降，宮城県沿岸の水田地帯において，どの地域まで復旧が進み，水稲作付けが行われたかを，SAR（合成開口レーダ）画像を用いることで広域にモニタリングを行いました．

図11に2011年，2012年，2013年のSAR画像を示しました．それぞれの画像には，2011年（赤）と2012年（黄）に水田の復旧がどの程度まで進んだかを示す前線を示しています．それぞれの線は，図(a)〜(c)ともに同じ位置です．

図(a)に示した2011年の時点では，赤線の位置まで湛水圃場が確認できることから，赤線より内陸側（西側）の水田の復旧が進んだ，または，津波被害の影響を直接的にも間接的にも受けていないといえます．

図(b)に示した2012年時点では，黄色の線まで水田の復旧が進んでいます．これらの結果から，年々復旧が進み，水稲の作付範囲が広がり，内陸部から沿岸部へと復旧が進んでいることを明確に読み取ることができます．

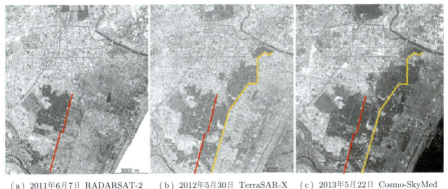

(a) 2011年6月7日 RADARSAT-2 Wide Fine mode, HH偏波　　(b) 2012年5月30日 TerraSAR-X HH偏波　　(c) 2013年5月22日 Cosmo-SkyMed HH偏波

――― 2011年 復旧前線　　――― 2012年 復旧前線

図11　津波被害農地の復旧モニタリング
(a) RADARSAT-2 Data and Products ⓒMacDONALD, DETTWILER AND ASSOCIATES LTD. 2011–All Rights Reserved. (b) ⓒ2012 DLR, Distribution Airbus DS/Infoterra GmbH, Sub-Distribution [PASCO]. (c) Cosmo-SkyMed Product ⓒASI 2013.

## 図解⑨　世界のGIS情報

農業に関する地理空間情報は欧州環境庁 (EEA)[†1]や米国農務省 (USDA)[†2]をはじめ，世界各地で提供されています．全世界を対象に農業統計を収集する代表的な国際機関に，国際連合の食料農業機関 (FAO) があります．FAO は農業統計を Web 上で GIS ゲートウェイ[†3]を通して公表しています．農業をとりまく環境，農法，作物などについて地図上で世界各地の特徴をみることができます．

図 12 は，FAO による Agro-MAPS[†4]で見られるアフリカの作物情報の例です．アフリカ諸国の州・地方単位で，トウモロコシの収穫量が数千トンから 5 万トン以上もあることが確認できます．

図 12　FAO が提供する Agro-MAPS で見られるアフリカの主要な作物の地域別生産量

---

[†1] EEA 欧州環境庁　http://www.eea.europa.eu/data-and-maps/
[†2] 米国農務省　http://datagateway.nrcs.usda.gov/
[†3] 国際連合食料農業機関　http://www.fao.org/geonetwork/srv/en/main.home
[†4] FAO Agro-Maps　http://kids.fao.org/agromaps/

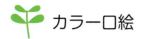 カラー口絵

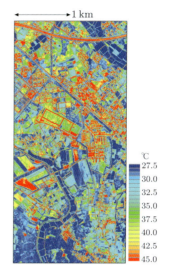

(a) 緑, 赤, 近赤外に対応する
3バンド合成画像

(b) 熱赤外バンドを疑似カラーで
表示した画像

図 1.5　航空機搭載のサーマルスキャナによって取得した熱赤外画像（→ p.15）

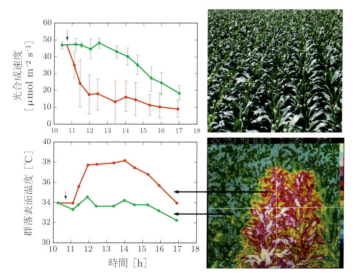

図 1.6　熱赤外画像による群落表面温度と生理的な活性の関係．トウモロコシ群落における水ストレスのある部分（赤）とストレスのない部分（緑）の温度変化（上の画像は自然色，下の画像は熱赤外画像を疑似カラーで表示したもの）（→ p.16）

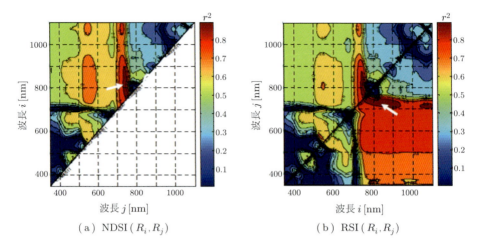

(a) NDSI($R_i, R_j$)  (b) RSI($R_i, R_j$)

図 2.3　任意の 2 波長の反射率値を用いた分光反射指数 NDSI (a) と RSI (b) による予測力の分布図（→ p.39）

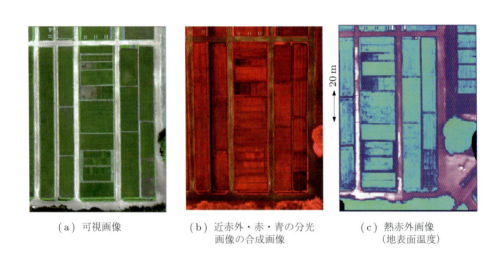

(a) 可視画像　　(b) 近赤外・赤・青の分光画像の合成画像　　(c) 熱赤外画像（地表面温度）

図 2.8　ドローン搭載センサにより観測された画像の事例（試験水田）（→ p.45）

図 2.13　Pi-SAR 画像 (1999/07/13, R : G : B = L_VV : X_VV : L_HH) ⓒJAXA/NICT　(→ p.51)

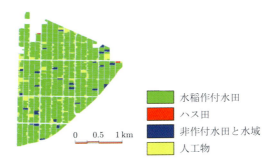

水稲作付水田
ハス田
非作付水田と水域
人工物

図 2.14　水稲作付地の抽出結果 (→ p.52)

図 2.15　高解像度光学衛星 WorldView-2 を用いて作成した幼穂形成期の水稲群落窒素含有量の広域分布図 (→ p.55)

（観測期日：2015/07/07，観測範囲：約 200 km$^2$，表示範囲：山形県庄内平野の一部）

14　カラー口絵

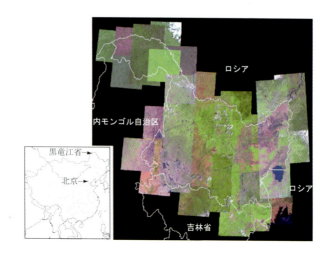

図 2.18　2000 年頃の Landsat TM/ETM+ データでカバーした中国黒竜江省の疑似カラー画像．中間赤外波長（バンド 5）・近赤外波長（バンド 4）・赤波長（バンド 3）を赤 (R)・緑 (G)・青 (B) に割り当ててあるので，植生が緑色，裸地が桃色，湛水した場所が濃青色になっている．（→ p.60）

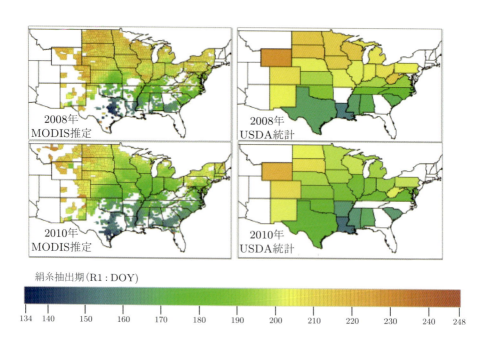

図 2.23　MODIS データによるトウモロコシ絹糸抽出期の推定値と USDA の統計値（州レベルの中央値）の比較（→ p.67）

カラー口絵 15

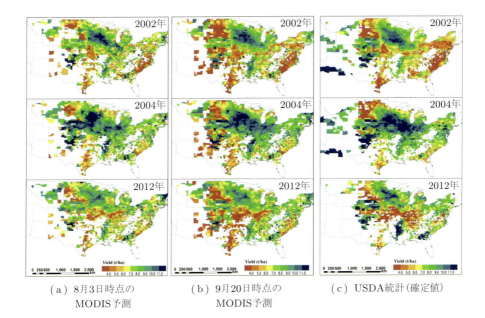

(a) 8月3日時点の　　(b) 9月20日時点の　　(c) USDA統計（確定値）
　　MODIS予測　　　　　MODIS予測

図 2.27　MODISデータによるトウモロコシ単位収量の早期予測結果 (a), (b) と
　　　　　USDA発表の郡別統計データ (c) との比較（→ p.72）

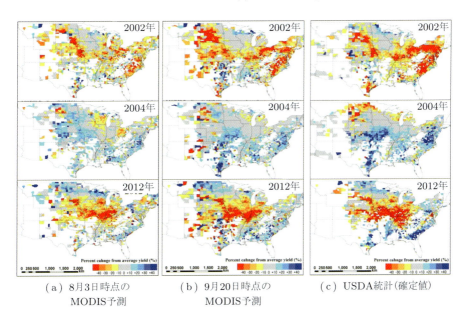

(a) 8月3日時点の　　(b) 9月20日時点の　　(c) USDA統計（確定値）
　　MODIS予測　　　　　MODIS予測

図 2.28　MODISデータによるトウモロコシ単位収量の豊作・不作予測マップと
　　　　　UADA統計データの比較（単位収量の対平年値比率）（→ p.72）

(a) 最高速度の分布

(b) 一定時間内に到達可能な範囲と消防署位置の重ね合わせ

図 4.15　最高速度と単位時間あたりの到達可能範囲（→ p.111）

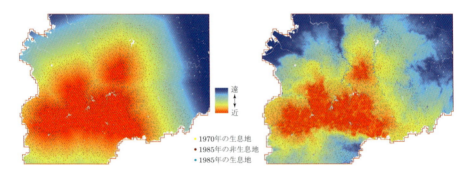
(a) パターン1の場合の累計コスト距離　　　(b) パターン2の場合の累計コスト距離

図 5.7　累積コスト図とニホンザルの分布変化（→ p.117）

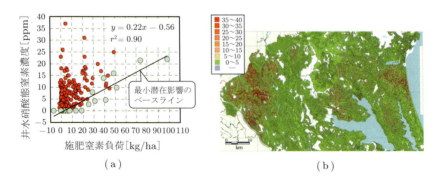
(a)　　　　　　　　　　　　　　　　(b)

図 5.10　GSAS を用いた試算例：井水硝酸態窒素に対する施肥窒素負荷の最小潜在影響のベースラインと，それによる農地セル単位での県全域マッピング．最小潜在影響ベースラインは茨城県全域における 2000 年の施肥窒素負荷と 2000〜2004 年の井水硝酸態窒素濃度実測データの対比図（図(a)）における区間最小値に値する回帰直線として導出．　　（→ p.120）

農業と環境調査のための
# リモートセンシング・GIS・GPS活用ガイド

編著 井上吉雄

共著 坂本利弘, 岡本勝男, 石塚直樹
David Sprague, 岩崎亘典

森北出版株式会社

● 本書のサポート情報を当社Webサイトに掲載する場合があります．下記のURLにアクセスし，サポートの案内をご覧ください．

https://www.morikita.co.jp/support/

● 本書の内容に関するご質問は，森北出版 出版部「(書名を明記)」係宛に書面にて，もしくは下記のe-mailアドレスまでお願いします．なお，電話でのご質問には応じかねますので，あらかじめご了承ください．

editor@morikita.co.jp

● 本書により得られた情報の使用から生じるいかなる損害についても，当社および本書の著者は責任を負わないものとします．

■ 本書に記載している製品名，商標および登録商標は，各権利者に帰属します．

■ 本書を無断で複写複製（電子化を含む）することは，著作権法上での例外を除き，禁じられています．複写される場合は，そのつど事前に（一社）出版者著作権管理機構（電話03-3513-6969，FAX03-3513-6979，e-mail：info@jcopy.or.jp）の許諾を得てください．また本書を代行業者等の第三者に依頼してスキャンやデジタル化することは，たとえ個人や家庭内での利用であっても一切認められておりません．

# はしがき

　この本は，リモートセンシング，地理情報システム (GIS) および全地球測位システム (GPS) といういわゆる空間情報技術の概要と，それらの農業生産および農業環境問題などへの応用に関する解説書として執筆しました．広く農業生産や環境問題，生態系問題にかかわる実務者や研究者の方々，さらには関連分野の教育・普及活動などにかかわる方々に，空間情報技術の基本と応用，ノウハウなどを伝えることを目的としています．

　本書の内容は，空間情報技術および農業・環境に関する専門研究者が，農業生産や環境，生態系にかかわる問題解決に取り組むなかで，実際に利用し作成したセンサやシステム，あるいは収集したデータや解析結果に基づいて解説したものです．すなわち，具体的な研究成果や実践的なノウハウを盛り込んで，空間情報技術についてわかりやすく解説した点に，一般的な教科書などと異なる大きな特徴があります．

　以下に，なぜ私たちがこのような研究に取り組んできたか，その背景とねらいについて簡単に触れておきたいと思います．

　近年，多くの地域で食糧生産と環境保全上の問題が顕在化しています．世界人口は 2016 年に 74 億人を超え，2050 年には 93 億人に到達すると推計されています．これに対して，農地面積の拡大は停滞しており，一人あたりの穀物供給力は年々減少しています．

　一方，地球環境変動の農作物生産に対する脅威は世界的に増大しています．気象環境の変動幅の拡大や極端事象が増える傾向にあり，洪水，干ばつ，台風などによる農業災害の増大が懸念されています．温暖化の影響は，たとえばコメの稔実不良などの高温障害としてすでに顕在化しつつあります．産地では，品種選定や栽培管理方法の変更など，適応策が重要な課題となっています．将来的には，産地の移動が本格化する可能性もあり，これらはいずれも，農作物の品質と収量に多大な影響をもたらすと考えられています．

　加えて，市場経済のグローバル化に伴い，主要作物の生産量の変動は世界の作物需給の不安定化と価格の乱高下に直結しています．バイオ燃料との競合や，余剰穀物の争奪戦の激化がそれらに拍車をかけています．

　このような背景のなか，各国・各地域における主要作物の生産実態に関する空間情報は，食糧安全保障上きわめて重要な情報になっています．とくに，地上での統計調

査体制が整備されていない多くの国や地域では，衛星リモートセンシングは唯一の科学的方法といえます．

　近年，国内農業に対する市場開放圧が強まるなか，高付加価値化・効率化・軽労化など農業の国際競争力強化への要請はますます高まっています．また，農業従事者の高齢化と担い手の減少傾向が続くなかで，小規模の農地を集積して経営規模を拡大する傾向も進行しており，科学的データに基づいた多数圃場の効率的な生産管理が強く求められています．元来，作物の生産管理の場では，収量と品質を安定的に確保するために，作付時期や土壌の肥沃度・水・肥料などの管理，病虫害防除，収穫時期の調整など多大な努力が払われてきました．それらの作業計画や管理の基本は土壌や作物生育の実態情報に基づいた診断であり，とくに広域・多数の圃場を対象に意思決定を行う場合に，空間情報技術は診断情報を省力的・定量的に収集する手段として固有のメリットを発揮することが期待されています．

　一方，農地・林地・草地などの陸域植生は，水・炭素・窒素などの循環に深くかかわっており，温室効果ガスの放出や水質汚染など，農業が環境に与える負の影響も大きな問題になっています．地域スケールの炭素・窒素循環の評価や，温暖化の緩和策・適応策においても，生態系の空間的・時間的な変動の実態を正確に把握することが重要になっています．

　このような背景のもと，国内および国際的な農業問題と地球環境科学的な問題の解明，および意思決定の基礎として，広域的・適時な空間情報が今日ほど重要であったことはないと考えられます．

　本書が広範な分野での問題解決に向けた空間情報技術活用の一助になれば，編著者としてこのうえない喜びです．なお，本書の内容は執筆者らが国立研究開発法人 農業環境技術研究所（現 農研機構 農業環境変動研究センター）で行ってきた研究がベースになっています．

2018 年 10 月

編著者　井上吉雄

# もくじ

## Part I　リモートセンシング

### 第1章　リモートセンシングはどんな方法か ……………………………………… 3
1.1　原理と応用方法　　3
1.2　データの特性　　9
　　1.2.1　可視～近赤外～短波長赤外領域　　9
　　1.2.2　熱赤外領域　　15
　　1.2.3　マイクロ波領域　　17
1.3　プラットフォームとセンサ　　22
　　1.3.1　携帯型センサ：地上での観測　　22
　　1.3.2　ドローンなどの無人航空機：低高度からの観測　　23
　　1.3.3　航空機やヘリコプター：中高度からの観測　　26
　　1.3.4　地球観測衛星：宇宙からの観測　　29

### 第2章　リモートセンシングデータの利用事例 ……………………………………… 35
2.1　地上観測　　35
　　2.1.1　計測データからの情報抽出：携帯型分光センサ　　35
　　2.1.2　作物生育の監視：デジタルカメラ　　40
2.2　ドローン，航空機観測　　43
　　2.2.1　作物診断情報の生成：ドローンによる圃場観測　　43
　　2.2.2　水稲生育診断情報の生成：航空機ハイパースペクトルセンサによる水田観測　　46
　　2.2.3　水稲作付地の抽出：航空機SAR　　50
2.3　衛星観測　　52
　　2.3.1　作物生育情報の評価：高解像度光学衛星センサ　　53
　　2.3.2　水田作付面積の広域評価：中解像度光学衛星センサ　　59
　　2.3.3　作物フェノロジー把握：高頻度観測衛星センサデータ　　63
　　2.3.4　米国産トウモロコシの作況予測：MODISデータ　　70
　　2.3.5　洪水分布／栽培体系の把握：MODISデータ　　73
　　2.3.6　焼畑生態系の炭素ストックの動態評価：多年次時系列衛星画像　　76
　　2.3.7　水稲生育情報の評価：衛星SARセンサ　　80

## Part II　GIS：地理情報システム

### 第3章　地図データの基本とGIS ……………………………………… 91
3.1　地理空間情報　　91
　　3.1.1　国土地理院発行地形図および国土基本図　　91
　　3.1.2　電子地形図25,000と基盤地図情報　　92

  3.1.3 その他のデジタル地理空間情報 92
  3.1.4 Web で閲覧できる地理空間情報 92
3.2 GIS の機能 94
  3.2.1 地図とデータを繋ぐ 94
  3.2.2 地表面と地図面の関係を整理する 95
  3.2.3 「位置」を表す 95
  3.2.4 GIS データとはどのようなものか？ 97

## 第 4 章 GIS を利用した空間情報処理の基本  99

4.1 データおよび解析／表示ソフトウェア 99
  4.1.1 GIS データ 99
  4.1.2 オープンソースの解析／表示ソフトウェア 102
4.2 データの表示 105
4.3 GIS によるデータの解析 107

## 第 5 章 地図データと地理情報の利用事例  112

5.1 土地利用変化評価 112
5.2 生物生息地の連続性評価 114
5.3 農業生態系空間情報解析 118
5.4 洪水発生地帯の地名と地形の空間解析 120

# Part III GPS：全地球測位システム

## 第 6 章 GPS の基礎  131

6.1 GPS が記録する基本的な情報 131
6.2 記録方法 131
6.3 GPS の使い方 132

## 第 7 章 GPS 装置  137

7.1 GPS の種類 137
7.2 ソフトウェア 139

## 第 8 章 GPS の利用  142

8.1 リモートセンシング画像解析のための現地調査 142
8.2 農地・農村の記録：写真を撮るなら，位置も記録しよう 143
8.3 精密農業での利用 144

 さくいん 149

# Part I　リモートセンシング

# はじめに：科学の眼による鳥瞰図

　鳥の眼で見るように高所から地上を眺めることは，多くの有用な情報をもたらすだけでなく，楽しみのひとつでもあります．1858 年にナダールが熱気球から撮った写真が世界初の空中写真とされ，上空からのパリ市街の写真は市民に大きな驚きを与えました．これが現代的な意味のリモートセンシングの最初の試みといえるでしょう．そのわずか 100 年後（1957 年）には人類初の人工衛星（旧ソ連によるスプートニク 1 号）の打ち上げが成功し，1972 年には最初の本格的な地球観測衛星である米国の Landsat 1 号が約 900 km の上空を周回するようになりました．2018 年現在も，8 代目の Landsat 8 号が高度なセンサの眼で持続的に地球を見守っています．

　この間，人工衛星，航空機，飛行船，無人航空機（ドローン）など，上空から地上を観測するための搭載システム（プラットフォーム）は飛躍的に拡大し，高度化しています．すでに，地上解像度が 1 m 以下の高解像度衛星が地球を多数周回しており，それらによって得られる空間情報は Google Maps のような一般的な利用をはじめ，非常に多くの場面で日常的に活用されるようになっています．Google Maps はリモートセンシングのもっとも身近な成果の一つといえます．また近年，低空を飛行する無人航空機の開発と普及が急速に進んでおり，2016 年が「空の産業革命元年」ともいわれるような世界的活況を呈しています．

　一方，眼の役割をするセンサ技術も，ナダールの時代のアナログ写真の時代から格段に進歩し，可視領域だけでなく，目に見えない波長領域を含む波長ごとの光や，熱赤外線，さらには電波を測定するセンサも利用できるようになっています．

　このように，いまや人類は高度な科学の眼（センサ）とそれを搭載するさまざまなプラットフォームを手にしています．そして，リモートセンシングは，地球科学，環境科学，地理学，植生科学などとともに，農業生産や食料安全保障，防災など人類生存と生活の安全と安心にかかわる科学技術とその実際的応用に重要な役割をもっており，それらをさらに深く幅広く展開することが期待されています．

# 第1章
# リモートセンシングはどんな方法か

 ## 1.1 原理と応用方法

　光や電波の信号を測定することによって，対象に触れることなく離れたところから対象の量や性質を測る方法を**リモートセンシング** (remote sensing) と総称しています．遠隔計測（隔測）などともよばれ，対象物との距離は数 cm～数千 km と広い範囲に及びます．リモートセンシングはつぎのような多くの利点をもっています．

　① 肉眼では感知できない信号を測定することができる
　② 画像測定によって空間的な特徴を情報化できる
　③ 非破壊・非接触で情報計測ができるので，測定対象に影響を与えない
　④ 局所～地球に及ぶ広域的な情報を，一挙にあるいは繰り返し取得できる
　⑤ 省力的かつ効率的に情報を収集できる
　⑥ デジタルデータとして集積・分析・転送しやすい

　リモートセンシングの原理は，測定対象から届くさまざまな電磁波をセンサによって観測するというものです．**図 1.1**(a) のように，電磁波はその波長によって，**可視** (visible)～**近赤外** (near infrared)～**短波長赤外** (shortwave infrared)～**熱赤外** (thermal infrared)～**マイクロ波** (microwave) などに分類されます．このとき，観測に使用する波長帯のことを**バンド**とよびます．用いる電磁波の種類に応じて，

・太陽光が対象に当たり，そこで反射した光を観測する場合（可視光・赤外線など，図 (b)）
・対象から放射されるエネルギーを観測する場合（熱赤外線，図 (c)）
・対象に向けて電波を照射し，その散乱信号を観測する場合（マイクロ波，図 (d)）

などがあり，それに応じたセンサが用いられます．それぞれの電磁波を用いた観測データの特性については，1.2 節で詳しく説明します．

　センサを搭載する装置を**プラットフォーム** (platform) と総称しています．プラットフォームは人工衛星から航空機，飛行船，気球，無人ヘリコプター，ドローン，タ

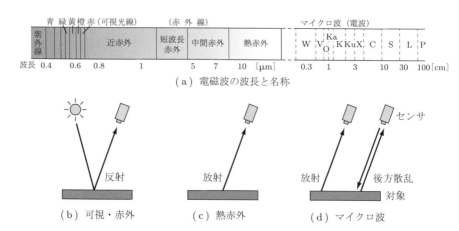

図 1.1 リモートセンシングで主に用いる電磁波の波長と測定方法

ワー,トラクタ,手持ち携帯型まで多様であり(図 1.2),観測スケールや目的によって使い分けられます.主なプラットフォーム搭載のセンサの概要と特徴を表 1.1 に示します.それぞれ空間解像度,適時性,観測範囲に得意・不得意があり,目的に応じ

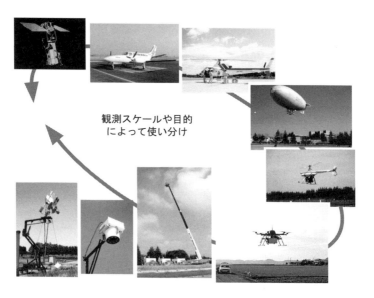

図 1.2 さまざまなプラットフォーム
筆者が開発または使用したプラットフォームの事例で,図中の衛星および航空機の写真はそれぞれ Digital Globe 社および中日本航空(株)提供による.

表 1.1 主なプラットフォーム搭載センサの概要

| プラットフォーム | 空間解像度 | 特徴 | 使用場面の例 |
|---|---|---|---|
| 人工衛星 | 0.3 m～1 km<br>（表 1.3, 1.6 参照） | 広範囲（数百 $km^2$ ～）の面的計測が可能．適時観測に制約あり．地上高度 300 km～2000 km. | 作付面積評価，生育監視など（表 1.2, 1.3 参照） |
| 航空機 | 0.1 m～数 m<br>（表 1.5 参照） | 可視～近赤外～熱赤外～マイクロ波の多様なセンサを搭載可能．随時性は人工衛星より高い．地上高度 1 km～10 km. | 植生調査，生育監視（表 1.3 参照） |
| ドローン | 数 mm～数十 cm<br>（飛行高度による） | 超高解像計測や 3 次元計測が可能．操作が容易で随時計測に向く．測定範囲は狭い．地上高度～200 m 程度． | 生育診断，圃場見回り，病気・雑草などの検出 |
| 手持ち携帯型 | 点計測 | 簡易．随時測定可能． | 葉のクロロフィル濃度や群落生育量，表面温度平均値の測定 |

て適切なプラットフォームやセンサを選定する必要があります．各プラットフォームでの観測の詳細は，1.3 節で詳しく説明します．

**農業と環境の実務や研究での利用**

　これらの多様なセンサから得られるデータを，土地利用や植生の分布のみならず，植物の生理生態的な機能や成分にかかわる情報まで広域的・定量的に捉えることが可能な段階に至っています．農業や土地資源，環境などの分野においては，作付面積の調査，収量予測，災害調査，土壌特性評価，水ストレスや雑草侵入程度の推定，病虫害のモニタリング，生育診断，精密農業，土地資源劣化の実態把握や炭素循環の解明など，広範な場面での情報収集に重要な役割を担っています（**表 1.2**）．すなわち，

　① 作物生産現場での意思決定
　② 作況予察や被害調査などの統計データの整備
　③ 温暖化対策に向けた国際的な施策の基礎となる情報の把握

などを支えます．

　**表 1.3** は，農業・環境への応用場面からみたセンサ仕様の要件を例示したものです．目的と用途に応じて，取得すべきデータを選定する際の目安になります．

　2018 年現在，下記のような多種多様な観測システムが利用可能になっています．

表 1.2 農業・環境情報計測のためのリモートセンシングの主な利用場面と測定すべき特性

(a) 食糧・環境分野におけるリモートセンシングの主な利用場面

| I. 農業調査・精密農業・産地戦略 | |
|---|---|
| ①農地利用状況の把握 | －作物管理状況，耕作放棄地，更新年次など |
| ②作物生産量の定量や予測 | －栽培面積と収量 |
| ③生育診断・精密農業管理 | －施肥，潅漑，収穫の調節・計画などのための情報：生育量，窒素ストレス，水ストレス，発育段階，収穫物品質，土壌肥沃度，雑草発生など |
| ④災害・被害状況の把握 | －低・高温障害，干ばつ程度，洪水範囲など |
| II. 生態系・資源劣化の監視 | |
| ①温暖化等環境変動の影響評価 | －植生変化，砂漠化，土壌侵食など |
| ②生態系の環境機能評価 | －土地利用，土地被覆，炭素量，フラックスなど |
| ③環境資源の維持管理・計画 | －水・植生・土壌資源，生物生息環境など |

(b) リモートセンシングで計測評価すべき主な生態系変量

| 1. 生態系構成要素の面積と空間分布の定量化 | －土壌の種類や表面形状の同定・分類<br>－植物の種類・生育段階の判別・分類 |
|---|---|
| 2. 生態系構成要素の物理特性の定量化 | －土壌の水分，有機物，塩類濃度など<br>－植物のバイオマス，葉面積指数，日射吸収率，収量など |
| 3. 植物と生態系の熱・水収支の定量化 | －蒸散，蒸発散，地表面温度，気温など |
| 4. 植物の生理生態機能の定量化 | －光合成，光利用効率，$CO_2$ フラックスなど |
| 5. 植物の成分・質的特性の定量化 | －水分，クロロフィル，窒素，リグニン，クロロシスなど |

① **波長帯域**：可視〜近赤外，短波長赤外，熱赤外，マイクロ波
② **波長解像度**：(マルチスペクトル〜ハイパースペクトル[†1]；多周波)
③ **信号特性**：分光放射輝度，反射率，放射率，輝度温度，後方散乱係数，偏波，位相
④ **空間特性**：地上解像度 0.3 m〜1 km，斜方視観測，ステレオ観測
⑤ **時間特性**：同一地点を毎日〜数週間に 1 回程度観測

なお一般に，空間解像度と観測頻度，観測範囲の間にはトレードオフがあり，また，信号によって作物・生態系情報の取得に向き・不向きがあります．センサとデータの選定に際しては，目的・用途に応じてつぎのような基準を考慮する必要があります．

---

†1 「ハイパースペクトル」は高い波長解像度（数ナノメートル程度）で多数（数十〜数百）の波長で測定される連続スペクトルデータを，「マルチスペクトル」は少数の広い波長帯（数十〜数百ナノメートル）で測定される離散的スペクトルデータを指します．

表 1.3 作物生産・生態系用途におけるリモートセンシングの主要な応用場面とデータ要件

| 応用場面 | 空間解像度 | 頻度 | 範囲 | 伝達時間 | 必要なセンサ特性 |
|---|---|---|---|---|---|
| 植物の発育段階モニタリング | 1 m〜10 m | 1 週 | 圃場〜地域 | 2 日 | 可視近赤外 MSS/HS, 熱赤外, SAR |
| 植物成長のモニタリング | 1 m〜10 m | 1 週 | 圃場〜地域 | 2 日 | 可視近赤外 MSS/HS, 熱赤外, SAR |
| 植物の水分欠乏・活性・フラックスなどのモニタリング | 1 m〜1 km | 1 日 | 圃場〜地域 | 0.5〜1 日 | 熱赤外, 可視近赤外 MSS/HS |
| 植物の養分欠乏モニタリング | 1 m〜10 m | 1 週 | 群落〜地域 | 2 日 | 可視近赤外 MSS/HS |
| 植物の病気モニタリング | 1 m〜10 m | 1 週 | 群落〜地域 | 2 日 | 可視近赤外 MSS/HS |
| 圃場内収量変異マッピング | 1 m〜10 m | 3 月 [特期] | 圃場〜地域 | 1 日〜1 週 | 可視近赤外 MSS/HS, 熱赤外, SAR |
| 気象災害の広域評価 | 10 m〜1 km | 3 日 [特期] | 圃場〜地域 | 1〜8 時間 | 可視近赤外 MSS/HS, 熱赤外, SAR |
| 広域作付面積推定 | 100 m〜1 km | 1 月 [特期] | 地域〜地方 | 1 日〜1 週 | 可視近赤外 MSS/HS, SAR |
| 広域作況予察 | 100 m〜1 km | 1 月 [特期] | 地域〜地方 | 1 日〜1 週 | 可視近赤外 MSS/HS, 熱赤外, SAR |
| 土壌特性のマッピング | 1 m〜10 m | 6 月 [特期] | 圃場〜地域 | 1 日〜1 週 | 可視近赤外 MSS/HS |
| 管理区画マップの更新 | 1 m〜10 m | 1 月 [特期] | 圃場〜地域 | 1 日〜1 週 | 可視近赤外 MSS/HS, 熱赤外, SAR |
| 土壌水分モニタリング | 10 m〜100 m | 3 日 | 群落〜地域 | 0.5〜1 日 | 可視近赤外 MSS, 熱赤外, SAR |
| 雑草発生モニタリング | 1 m〜10 m | 1 週 | 群落〜地域 | 2 日 | 可視近赤外 MSS/HS |
| 昆虫発生モニタリング | 1 m〜100 m | 1 週 | 群落〜地域 | 0.5〜1 日 | 可視近赤外 MSS/HS, 熱赤外 |
| モデル・AI と結合した面変異の原因同定 | 1 m〜30 m | 3 日 [特期] | 群落〜地域 | 1 日〜3 日 | 可視近赤外 MSS/HS, 熱赤外 |
| 携帯センサなどによる面変異の原因同定 | 1 m〜10 m | 3 日 [特期] | 群落〜地域 | 即時〜1 日 | 可視近赤外 MSS/HS |
| 地域気象データのマッピング | > 0.5 km | 0.1 日 | 地域〜地方 | 即時〜0.5 日 | 可視近赤外 MSS, 熱赤外など |
| 数値標高データ生成 | 10 m〜30 m | 5〜10 年 | 圃場〜地域 | 1 週〜1 月 | 可視近赤外 MSS, パンクロ, SAR |

注 1) MSS: マルチスペクトルセンサ, HS: ハイパースペクトルセンサ, AI: 人工知能/意思決定支援システム, [特期]: 特定時期のタイムリーな観測.
注 2) 精細度とモニタ範囲は情報の利用の仕方と現象の発生状況によって異なる. モニタ範囲は下限を示す.
注 3) これらの用途に対応するリモートセンサ仕様は運航周期や天候, 大気など種々の要因を考慮して調整する必要がある.

① **実質地上解像度**：通常，センサ分解能より劣化することが少なくない．検出器感度・大気影響・位置精度の影響を考慮する必要がある．近年，衛星センサ解像度も 0.3 m 程度まで向上した．

② **実質観測頻度**：主として天候の影響により，衛星回帰周期よりも大幅に長くなる．観測要求の競合が影響することもある．類似センサを搭載した複数の

衛星の利用や斜方視機能，合成開口レーダ (SAR) 衛星の利用などにより大幅改善しうる．

③ **目的変量に好適な波長特性**：目的とする情報収集に最適な波長域（可視〜マイクロ波）や波長分解能を選定する必要がある．

④ **観測範囲**：1枚の観測画像の範囲が狭いと，モザイクする必要が発生する．方向性反射の影響を回避するために観測角を限定すると，その必要性が高まる．

⑤ **適時性**：時間変化の大きい対象の場合，特定のタイミングで観測することが重要な場合が多い．配送時間はインターネット利用により短縮されつつある．

⑥ **単位面積あたりのコスト**：画像取得目的の公共化，多用途などにより低コスト化を図れる可能性がある．

### コラム① リモートセンシングのデータとツール：10万円コース

近年，リモートセンシング解析を行うためのデータとツール環境は，一気に敷居が低くなり，10万円あればかなりのことができるようになりました．

まず，データについてですが，以前から MODIS など無料の衛星データはあったのですが，空間解像度が 250 m や 500 m と粗いため，個々の日本の農地圃場を識別することは，ほぼ無理でした．それゆえ，県全体や日本全体などの大きなスケールを対象とする場合など，使える場面は限定的でした．さらに低分解能の地球観測衛星のデータについては，公開されているものが多くみられます．NOAA や MODIS が有名ですが，AMSR(AMSR-E) や GOSAT, DMSP, GMS（ひまわり）など大陸レベルや地球レベルのデータを無償で手に入れることができます．

無償で利用可能な比較的空間分解能の高い衛星画像としては，30 m の Landsat があります．大きな圃場が対象であれば，それなりに個々の圃場を識別することが可能であり，無料，かつ 14 日おきに撮影をし続けてくれるといった利点があります．また，Landsat シリーズは 40 年の蓄積があることから，時間変化を捉えることができます．さらに，2014 年には ALOS データの価格が 5 千円に下げられ (2.5 m の PRISM は除く)，2016 年には ASTER データが無償提供となりました．また，2016 年に打ち上げられた ESA の Sentimnel-2 のデータも無償で配布が行われるようになり，分解能 10 m のデータが無償で手に入るようになりました．さらに，2018 年 3 月から日本周辺の ALOS/AVNIR-2 オルソ補正データの無償提供が開始されました．

光学データのみならず，レーダデータについても，前述のように ALOS/PALSAR データは 5 千円で手に入るようになり，2014 年に打ち上げられた Sentinel-1 のデータは無償で使えるようになっています．

一方，解析ソフトについては，一般的な解析ソフトを 10 万円で購入することはできないため，フリーソフトを利用することになります．とはいうものの，近年，フリーの GIS ソフトおよびリモートセンシングデータ解析ソフトが数多く出回り（詳しくは 4.1.2 項を参照），使い勝手も有償ソフトに引けをとらないようになってきました．また，Google 社は，クラウドを利用した解析環境として，Google Earth Engine というサービスを開始しました．これは，Landsat, Sentinel, MODIS といった無償公開されている衛星データ，さら

に公開されているNDVIや主題図，DEMなどを網羅的にアーカイブしたGoogle Cloud（その容量は，2018年時点でLandsatのみで1.3ペタバイト（1ペタバイト (PB) は約1000 TB)）をバックボーンのデータセットとし，Webベースで簡単にデータの検索，表示，さらに解析まで可能としたものです．Google Earth Engineのホーム画面からData Catalogをクリックし，選択していくだけで膨大な画像データにアクセスすることができ，Work spaceではレイヤー構造をもったWebGISとして，画像の表示はもとより，色の調整や画像間の演算，教師付き分類も可能です．JavaScriptとPythonのAPIも用意されており，さらに，Code EditorでJavaScript APIを記述することも可能となっています．また，手元にあるラスターデータやベクターデータをアップロードすることも可能です．むしろ，初めにフリーのものから使い始め，どうしても機能的に不足を感じた時に有償ソフトを検討するほうがよい状況となってきています．

実は，フリーのデータとフリーソフトだけで地球環境の変化を解析することは可能なのです．あなたも挑戦してみませんか？

## 1.2 データの特性

リモートセンシングでは，さまざまな物理センサによって，写真の濃淡値 (digital number, optical density)，波長別の反射率（分光反射率，spectral reactance），表面の温度 (surface temperature)，散乱の強度 (backscattering coefficient) などが得られます．これらの信号は対象物の波長別の反射や吸収特性，水分などの含有成分，表面の温度やなめらかさなどに応じて変化するため，信号の特徴を分析することで，対象物の量や成分，機能を推定することができます．センサの特性は主に波長帯，波長解像度（分解能），波長の個数（バンド数），偏波の有無，感度などによって決まります．

以下では，各波長領域でのリモートセンシングデータの特性，およびそこから得られる情報について説明します．

### ● 1.2.1 可視〜近赤外〜短波長赤外領域

可視〜短波長赤外の波長領域のリモートセンシングでは，太陽光 (300〜3300 nm) が対象物に当たって反射してきた光を，光学センサとよばれる検出器によって，波長別に測定します．自然状態の植物，土壌，水面などの反射率は，波長によって大きく異なります（図 **1.3**）．さらに，同じ植物でも，生育量やクロロフィルなど内部に含まれる成分の違いによって，また，水分や有機物，ミネラルなど土壌の種類や組成に応じて，反射スペクトルが異なります．すなわち，可視〜近赤外のスペクトルデータには，植物や土壌の種類，バイオマス，水分，色素濃度，窒素濃度，光合成速度などのさまざまな生理生態学的な状態や成分に関する情報が含まれています．これらを，対象物や土地利用の分類や特性の定量に用います．

10　第1章　リモートセンシングはどんな方法か

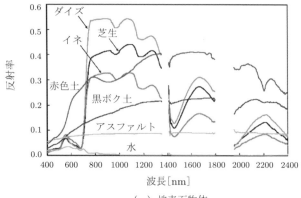

(a) 地表面物体

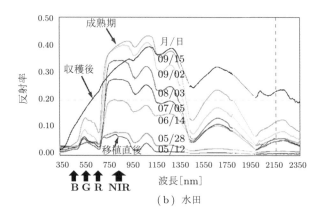

(b) 水田

図1.3　主な地表面物体および水田の反射スペクトルの季節変化

　現在，地球観測を行っている主要な衛星は可視〜近赤外領域に3〜4個の波長帯（通常，バンドとよぶ）の分光データを測定する光学センサを搭載しています．もっとも一般的なセンサは，青(B)，緑(G)，赤(R)，近赤外(NIR)を備えており（図(b)の矢印），主に高い空間解像度を得るために可視領域を一つの波長帯として測定するパンクロ画像も利用されます（**表1.3**参照）．これらのバンドの波長幅は数十nm〜数百nmであるのに対して，波長分解能がさらに高く数十〜数百個のバンドを備えたセンサ（ハイパースペクトルセンサとよぶ）も航空機，衛星搭載用のセンサ開発が進んでいます．航空機ハイパースペクトルセンサはすでに実用的な利用が進みつつあります（1.3節の**表1.5**，**1.6**，**図解②**参照）．

　この波長領域は，太陽光を光源としているので，一般に日中の数時間が観測の最適時間で，かつ大気状態（雲やエアロゾル）の影響を強く受けます．したがって，良好

な画像が得られる確率は，これらの条件に大きく依存するという弱点があります．表 1.3 に示したように，施肥や収穫などの管理を最適化したり，気象災害などの被害程度を把握するための情報計測に求められる適時観測を実現させることが困難な場合も少なくありません．しかし，1.3 節の表 1.6 に示すように，近年，農業観測に利用できる衛星の数は増えており，また，斜方視観測が可能な機能を備えた衛星も少なくないため，観測頻度は大幅に向上しています．したがって，適時観測の確率も高まっています．

**波長別画像データからの情報抽出**

　衛星センサや航空機センサによって得られた波長別の画像を用いて，対象物の種類や状態を判別したり，量や成分を推定したりすることが可能になります．通常，画像データは 8 ビットや 12 ビットなどのデジタル値として提供されます．画像として見やすく，目的物を明瞭に判別するために，それらの特徴を強調できるようにデジタル値の変換（関数を用いた変換やヒストグラム変換など）を行います．たとえば，ヒストグラムを調べて一部を拡張することによって，コントラストを大きく見やすくする方法があります．また，濃淡画像のレベルに応じて適当な色を割り付けることによって，カラー画像（疑似カラーとよぶ）に変換することも，認識を助けます．たとえば，近赤外や熱赤外バンドの画像はパンクロですが，温度値に対応した疑似カラーを与えることによって，温度の違いを明瞭に識別することができます（カラー口絵の図 1.5 を参照）．また，センサによって得られるいろいろな波長帯の画像に赤，緑，青を割りつけるカラー合成によって，特性の対象を明瞭に認識することが可能になります．たとえば，近赤外バンドに赤を割りつけることによって，植生の存在が強調されます．

　一方，デジタル値を地上における対象物の反射率に変換するためには，センサの物理特性と大気状態による影響（大気補正），地形の影響（地形補正）などのいわゆる輝度補正を行う必要があります．正確な反射率を求めるためには，各センサに対して与えられる校正式や大気補正のための放射伝達モデル（6S や ATCOR）などを用いる方法や，地上での同時測定データを用いて校正する方法，さらには，対象物の反射率についての前提条件をおいて画像データのもつ情報のみを使って変換する方法などがあります．ただし，これらの補正の必要性は，目的・用途によって異なり，対象物の判別や分類には，デジタル値をそのまま用いてもあまり大きな差がないとされています．

　また，上記のような誤差を低減化し，また，目的とする対象物の特徴量とマルチスペクトルデータをより明確に関係づけるために，バンド間演算がよく用いられます．植生指数に代表されるように，少数のバンドデータを用いた演算値（分光指数）がよく利用されます．また，対象物の識別・分類には，マルチスペクトルデータを土壌・植

物・水を代表させる軸に線形変換する方法（Tasseled Cap 変換）や，統計的に新しい軸を求める主成分分析などが一般に用いられます．

### 植生指数

植物の量や植物の被覆率などをより精度よく推定するために，センサによって取得される少数バンドを用いた演算値（**分光指数**，spectral index）が多用されます．とくに，赤 R と近赤外 NIR の 2 バンドの反射率（あるいはデジタル値）は植物に対する感度が高いため，これら 2 バンドを用いた指数が種々工夫されています．このような指標を一般に**植生指数**とよびます．図 **1.4** に示すように，2 バンドの演算方法としては距離（差）に基づくもの（図 (a)）と比率に基づくもの（図 (b)）に分けられます．もっとも単純な指数は両者の差をとる **DVI** (difference vegetation index) で，これは $-1.0 \sim +1.0$ の範囲内の数値をとります．

$$\mathrm{DVI} = R_{\mathrm{NIR}} - R_{\mathrm{R}} \tag{1.1}$$

ここで，$R_{\mathrm{NIR}}$ は NIR バンドの反射率，$R_{\mathrm{R}}$ は R バンドの反射率です．

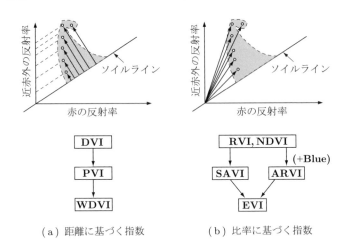

図 1.4 赤 R と近赤外 NIR の 2 波長の反射率に基づいた主な植生指数の意味と系譜

さらに，植生に対する感度を高めるために，両バンドの重みを変える係数を加えた指数 **WDVI** (weighted difference vegetation index) や，ソイルラインからの最短距離を求めるように係数 $\alpha$, $\beta$ を与える **PVI** (perpendicular vegetation index) などが利用されています．

$$\mathrm{WDVI} = \alpha R_{\mathrm{NIR}} - R_{\mathrm{R}} \tag{1.2}$$

$$\text{PVI} = \alpha R_{\text{NIR}} - \beta R_{\text{R}} \tag{1.3}$$

一方，2バンドの反射率の比率に基づいた指数（図 (b)）のもっとも単純な指数は RVI (ratio vegetation index) で，指数値の変動範囲は $0 \sim \infty$ になります．

$$\text{RVI} = \frac{R_{\text{NIR}}}{R_{\text{R}}} \tag{1.4}$$

指数値の変化範囲を $-1 \sim +1$ に正規化するために，赤と近赤外の二つのバンドの反射率の差を両者の和で除した**正規化植生指数** (NDVI: normalized difference vegetation index) が提案され，現在，もっともよく利用されています．

$$\text{NDVI} = \frac{R_{\text{NIR}} - R_{\text{R}}}{R_{\text{R}} + R_{\text{NIR}}} \tag{1.5}$$

なお，植生のない各種の土壌面に対応する反射率は R – NIR 平面で直線的に分布します（ソイルライン）．そのソイルラインは必ずしも原点 (0,0) を通過しないため，原点を通過するように修正を加えた **SAVI** (soil adjusted vegetation index) など，NDVI の改良版がいくつも提案されています．これらは，線形性の向上と背景土壌の種類の違いを除去することに主眼があります．

$$\text{SAVI} = (1 + L)\frac{R_{\text{NIR}} - R_{\text{R}}}{R_{\text{R}} + R_{\text{NIR}} + L} \tag{1.6}$$

ここで，$L$ は補正係数（土壌に対する補正係数で，通常 0.5 が用いられる）です．$L = 0$ の場合は SAVI は NDVI と一致します．

さらに，R と NIR に加え，青 B を追加した 3 バンドを用いる植生指数も提案されています．たとえば，**EVI** (enhanced vegetation index) では，主に大気の影響を軽減化し植生の変化をより明確に捉える目的で B のバンドを加えて，次式のような計算により求めています．

$$\text{EVI} = 2.0 \times \frac{R_{\text{NIR}} - R_{\text{R}}}{1 + R_{\text{NIR}} + 6 \times R_{\text{R}} - 7.5 \times R_{\text{B}}} \tag{1.7}$$

これらのバンド間演算による指数は，波長間の相対的な関係を強調することにより，大気状態や方向性反射の影響，センサの劣化などによる絶対反射率の不確実性を補う効果があります．また，背景土壌の違いによる影響を弱めるなど，信号と対象との関係をより一般化する効果や，対象となる変量との関係をより広い範囲にわたって線形化する効果もあります．分光指数は少数の特定波長のみを用いるため，演算が簡易・高速であるというメリットがあるほか，波長を適切に選定することによって，多数の波長を用いる場合に匹敵する予測精度を確保できる場合も少なくないことがわかっています．

## コラム② リモートセンシングのデータとツール：100万円コース

100万円の予算で，初めてリモートセンシング技術を使って何かをしようとする場合，まず，何に重点的に予算をかけるかを決めなくてはなりません．解析の目的や内容，解析環境によって，ハードウェア，ソフトウェア，データのどれを優先するかが決まってきます．100万円では，航空機を飛ばして空中写真撮影やマルチスペクトル観測をすることはできませんが，無人航空機（ドローン）とマルチスペクトルカメラを購入することはできます．ここでは，観測範囲に応じて，ドローン観測画像と衛星データ（画像）を使った解析を考えます．

まず，どのような解析をするのか書き出してみましょう．何を解析するのか，どのくらいの範囲を，どのくらいの解像度で解析するのか，いつの事象を解析するのか，できるだけ詳しく書き出します．解析に必要なデータが決まれば，それを処理するためのソフトウェアが決まり，解析プラットフォームとなるハードウェアが決まります．たとえば，数 ha までの範囲を解析するならば，ドローンを使って自分で観測した画像で解析できます．カラー画像を表示して目視判読で解析するだけならば，ドローンとデジタルカメラを 20 万円程度で購入できます．また，ドローン（15 万円程度）とマルチスペクトルカメラ（Tetracam 社製 ADC (Agricultural Digital Camera) シリーズならば，画像解析ソフトが付いて 45 万円程度）を購入すれば，植生指数 (NDVI) を使った解析が可能になります．

もっと広い範囲を解析するならば，衛星データを使った解析になります．空間解像度を 1 m 以下にしたい場合，GeoEye-1 や WorldView-2, 3 のマルチスペクトルデータ（0.5/0.6 m クラス，3300 円/km$^2$，最低購入面積 25 km$^2$），Pleiades のパンクロマチックデータ（0.5 m パンシャープン，2400 円/km$^2$，最低購入面積 25 km$^2$）などを使うことになります．空間解像度が 1.5 m でよければ，SPOT6/7 のカラー（パンシャープンまたはバンドル）やパンクロマチックデータ（560 円/km$^2$，最低購入面積 100 km$^2$）が使えます．また，空間解像度が 6 m 程度でよければ，SPOT6/7 のマルチスペクトルデータ（6 m, 220 円/km$^2$，最低購入面積 100 km$^2$）や RapidEye のカラー画像（6.5 m, 260 円/km$^2$，最低購入面積 500 km$^2$）が使えます．単価×必要シーン数×必要時期数でデータ購入に必要な金額が出ますから，残った予算をソフトウェアやハードウェアの購入に回せます．画像を表示して目視判読で解析するだけならば，GeoTIFF 形式のデータを購入して Adobe Photoshop や Canvas のような 10 万円程度のペイント系やドロー系の画像処理ソフトでも十分です．一方，マルチスペクトルデータを使った解析が必要な場合には，バンド間演算や分類ができる画像解析ソフトウェアが必要になります．このような画像解析ソフトウェアは数十万円しますから，データを購入した残金が少なかった場合は，MultiSpec (Landgrebe and Biehl) や MIRIN Kid's（ジオテクノス），RSP（建設技術研究所），QGIS (OSGeo) のようなフリーの解析ソフトウェアを使いましょう．残った予算でコンピュータの処理速度を上げたり，データを格納するためのハードディスクを購入したりできます．

空間解像度 30 m 以上の Landsat TM/ETM+/OLI-TIRS データ（1980 年代後半～）や ASTER データ，NOAA AVHRR データや MODIS データを使った解析をする場合は，データが無料配布されていますから，画像解析ソフトウェアを購入できます．空間解像度 10～60 m の Sentinel-2（2015 年～）では，画像データだけでなく解析用のソフトも無料配布されています．このようなソフトウェアのなかには画像解析と GIS の機能がついているものもあるので，今後の解析の展開によってはおおいに役立つでしょう．

● 1.2.2 熱赤外領域
**熱赤外計測によるストレスの検出**

　植物の葉温が植物体の生理状態に関連していることは古くから知られていましたが，それを作物群落の生理状態やストレス反応の評価に用いようとする試みは，赤外線放射測温技術の進歩とともに近年に大きく進展しました．熱赤外放射測温には，放射温度計や熱赤外画像計測装置（サーモグラフィ，サーマルイメージャなどともよぶ），あるいはサーマルスキャナが用いられます．波長帯としては，大気水蒸気圧の影響が小さい 8〜13 μm 付近がよく利用されます．このバンドの信号は，一般に表面温度を得るために使われますが，対象物の放射率と大気の影響にも注意する必要があります．植物葉の放射率は 0.98 程度であることが知られています．衛星センサでは Landsat と ASTER が，航空機では TABI などが熱赤外バンドをもっています．

　図 1.5 は，航空機センサ AZM によって取得した熱赤外画像です（地上解像度約 1.25 m）．この画像は盛夏に観測したもので，盛んに蒸散をしている水田などの植生は温度が低いのに対して，裸地状態に近い畑地や道路，建築物は高温になっていること

（a）緑, 赤, 近赤外に対応する
3バンド合成画像

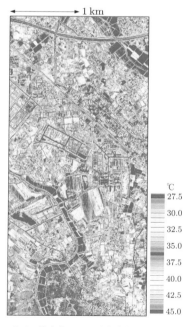
（b）熱赤外バンドを疑似カラーで
表示した画像

図 1.5　航空機搭載のサーマルスキャナによって取得した熱赤外画像（→カラー口絵）

が明瞭です．すなわち，熱赤外画像は水分欠乏の検出や蒸散・蒸発散の評価など水分環境の実態把握と管理などに有用なだけでなく，都市に対する農地の冷却効果の解明など熱環境の解明や評価にも役立ちます．

図 1.6 は，水ストレスがある場合とない場合のトウモロコシ群落の表面温度を熱赤外画像計測装置によって遠隔計測した例です．作物が水ストレスを受けると，気孔が閉鎖し，光合成蒸散速度や気孔開度が大きく低下しますが，その変化をただちに肉眼で感知することは困難です．しかし，熱赤外画像上には密接に対応した変化が現れ，植被平均で 4～5℃ にも及ぶ大きな温度変化が検出されます．このような変化は，いまだ予兆程度の微弱な反応の段階においても遠距離から検出できることがわかっています．

同様の結果は，水ストレスを受けたコムギ，ダイズ，トマトあるいは根腐れ病の果菜などについても確認されています．たとえば，青枯れ病を罹病したトマトの株では，目視によって発病が認知される前のかなり早い段階から葉温の変化が検出できます．そのため，平均葉温の差を発病予測の基準値として使用することによって，早い場合には発病の 12 日前に発病を診断できることがわかっています．また，陸稲の乾燥抵抗

図 1.6 熱赤外画像による群落表面温度と生理的な活性の関係．トウモロコシ群落における水ストレスのある部分（赤）とストレスのない部分（緑）の温度変化（上の画像は自然色，下の画像は熱赤外画像を疑似カラーで表示したもの）（→カラー口絵）

力のスクリーニングなどにも応用できます.

このように，環境ストレスが気孔変化と水蒸気交換に関与するものであれば，その種類のいかんにかかわらず，熱赤外画像計測によって水分欠乏や病気などのストレスに起因する生理的な反応を遠隔的かつ面的に検出できます．ただし，検出感度は大気乾燥度や風速，日射条件などによって影響されるので，注意が必要です．

### 熱赤外計測によるストレス指数

熱赤外放射測温によって検出されるストレス程度をより汎用性のある指標として一般化するため，群落表面温度を同時点の気温を用いて相対化した SDD (stress degree days) や，さらに大気湿度の影響を考慮した CWSI (crop water stress index) などの水ストレス指数が開発されています．さらに，CWSI を広域的な複合生態系へ応用するため，気温や湿度の因子に加えて植被の発達程度を考慮した地表面の乾燥度指数 WDI (water deficit index) が考案され，広域的な水分状態の評価に用いられています（図1.7）．この指数は水分欠乏のないポテンシャルな蒸発散をしている地表面状態での表面温度と，水分供給がない乾燥した地表面状態での表面温度を両極として，現実の水分状態を相対的に評価する指数です．主として水ストレスの検出と灌漑のスケジューリングを目的としたもので，簡易で使いやすい方法といえます．この方法は，アフリカや米国での干ばつ状態の広域評価などにも応用されています．

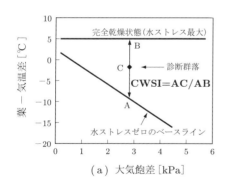
(a) 大気飽差 [kPa]

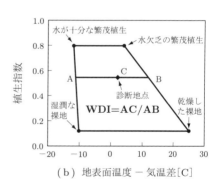
(b) 地表面温度 − 気温差 [C]

図 1.7 群落表面温度を用いて水分状態を遠隔評価するためのストレス指数の考え方

### ● 1.2.3 マイクロ波領域

マイクロ波の定義は使う分野によって多少異なりますが，おおむね波長 1 mm〜1 m（周波数 300 GHz〜0.3 GHz）の電磁波を指します．また，マイクロ波は波長帯によって Ka バンドから P バンドまでの特殊な名称を用います（表1.4）．衛星リモートセンシングにおいて，数 cm 以上の波長のマイクロ波を利用すると，降雨による散乱も小

表 1.4 マイクロ波

| バンド名 | 周波数 | 波長 |
|---|---|---|
| UHF | 300 ～ 1000 MHz | 1 m ～ 30 cm |
| P | 230 ～ 1000 MHz | 1.3 m ～ 30 cm |
| L | 1000 ～ 2000 MHz | 30 ～ 15 cm |
| S | 2000 ～ 4000 MHz | 15 ～ 7.5 cm |
| C | 4000 ～ 8000 MHz | 7.5 ～ 3.75 cm |
| X | 8000 ～ 12500 MHz | 3.75 ～ 2.4 cm |
| Ku | 12.5 ～ 18 GHz | 2.4 ～ 1.67 cm |
| K | 18 ～ 26.5 GHz | 1.67 ～ 1.13 cm |
| Ka | 26.5 ～ 40 GHz | 1.13 ～ 0.75 cm |
| ミリ波 | > 40 GHz | < 0.75 cm |

さく，大気の透過率はほぼ 100 ％であるので，雲を透過し地表を観測することができます（図 1.8）．雲の影響を受けずに地表面が観測できるというこの特長が，農業分野におけるマイクロ波観測の最大の利点です．このマイクロ波を用いたセンサの代表的なものが，SAR（合成開口レーダ）です．逆に，短い波長を用いて雨滴を観測することも可能であり，TRMM（熱帯降雨観測衛星）による降雨分布図などが利用されています．

SAR は，衛星，航空機などの高速で移動するプラットフォームに積まれたセンサから偏波面と位相をそろえたマイクロ波パルスを照射し，対象に当たって散乱したもののうち，センサ方向に戻ったマイクロ波（後方散乱）を観測しています．SAR とは synthetic aperture radar の略であり，合成開口レーダと訳されています．radar は radio detection and ranging の略であり，文字どおり電波を使い，対象物を検知して，対象物までの距離を測ることを意味しています．aperture は開口と訳されており，開

(a) 光学センサ画像
ⓒCNES/SPOTimage

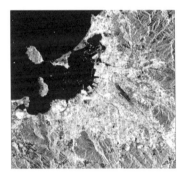
(b) SAR 画像
ⓒCSA/MDA

図 1.8　光学センサ画像と SAR 画像の違い

口とは物質や電磁波が通過する開きや穴を指し，カメラや望遠鏡における絞りやレンズ口径，レーダのアンテナを意味します．

カメラや望遠鏡の開口は大きくなるにつれ通過する光量が多くなり，明るく分解能が向上しますが，レーダでも同様に，開口つまりアンテナサイズが大きくなるにつれ送受信できるエネルギーが増えて分解能が向上します．したがって，高分解能を達成するためにはアンテナを大きくすればよいのですが，アンテナサイズには物理的制限があるため限界が生じます．そこで開発されたのが，プラットフォームが移動することにより，小さなアンテナを並べて一つの大きな仮想的アンテナで観測した場合と同等の効果を得る合成開口技術です（図 1.9）．

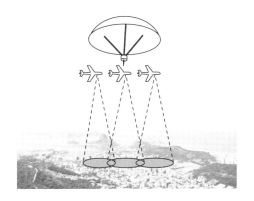

図 1.9　合成開口レーダの概念

SAR は自ら観測対象に対しマイクロ波を照射し，その反射波・散乱波を観測する能動型センサのため，夜間でも観測が可能です．また先に述べたように，SAR は雲に左右されず高分解能で地表の観測ができるという利点も有していますが，いくつかの問題もあります．

まず，SAR 画像の大きな特徴の一つとして，スペックルとよばれるノイズが非常に大きいことが挙げられます（図 1.10）．このスペックルノイズは，コヒーレントな（位相のそろった）電磁波には不可避な性質で，具体的には散乱波どうしの干渉により同じ状態の地表面でも受信強度が変動し，隣り合うピクセル間でも強度が大きく揺らぐ現象です．それゆえ，SAR 画像は非常にザラザラとした，ごま塩状のノイズののった画像になってしまいます．

さらに，SAR は地表面にマイクロ波を斜めに照射しているため，地表に起伏があると画像が歪んだり，撮影されない部分が生じたりします．この現象をフォアショートニングといい，さらに進んで斜面頂部が麓部を覆ってしまう現象をレイオーバといい

図 1.10 スペックルノイズの例
RADARSAT Data and Products ©MacDONALD, DETTWILER
AND ASSOCIATES LTD. (1999) All Rights Reserved.

ます．一方，起伏のある地形を撮影したときに，斜面の背後にできる電波の届かない影の部分が生じる現象をレーダシャドウといいます．このような複雑な幾何特性をもっているため，光学画像と比べて傾斜地における位置合わせが難しくなっています．基本的には地形データ（DEM）と衛星の位置情報，マイクロ波の入射角，照射方向などから計算により補正を行います．

　SARにおいて，照射したマイクロ波が散乱を起こすのは誘電体の境界面です．境界面が理想的な平面である場合は鏡面とよばれ，そこではフレネル反射（フレネルが求めた光の反射であり，理想的な平面における平面波の反射）とほぼ同じ反射をし，鏡面反射とよばれます．

　地表面が完全導体の場合は反射率が100％となりますが，一部の人工構造物を除き通常は誘電体であり，反射以外に透過が起こります．対象において，マイクロ波がどのような散乱をするかは，マイクロ波の波長のほか，誘電体の種類や組成の影響を受けます．誘電率は一般的に真空中（自由空間）での値の比として，つまり比誘電率として表されます．同じ物質でも含水率によって比誘電率が大きく変わり，とくに植生の場合，植物体の中の水分が大きく誘電率に寄与します．さらに，茎・葉・枝・幹などの部分や組織により誘電率が変わるため，誘電率の不連続性が高く，透過波は体積散乱を起こします．

　マイクロ波は電磁波の一種であるため，周波数（波長）に加え，伝播方向，振幅，偏波面という四つの要素があり，それらを観測することにより対象物の形や性質などの情報を得ることができます．そして近年は，複数の偏波面を分けて観測する多偏波SARが注目を集めています．先に述べたように，SARは通常偏波面をそろえた直線偏波のマイクロ波を使用します．照射するマイクロ波の偏波を，水平偏波 (H) と垂直

偏波 (V) で送信および受信すると，H 送信・H 受信 (HH)，VV，VH，HV の組合せができます．マイクロ波の偏波方向を変えることにより，対象とするターゲットの形状による散乱に差が生じることになります（図 1.11）．このような複数の偏波を使って観測する SAR を**ポラリメトリック SAR** とよびます．また，この 4 種類の後方散乱強度と相対位相を測定することにより，完全な散乱行列を求めることができ，各ピクセルの完全な偏波特性を計算することができます．そのため，この 4 偏波がそろっている状態を**全偏波**（フルポラリメトリ）ともよびます．

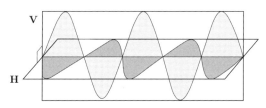

（a）垂直偏波(V)と水平偏波(H)，送信と受信の組合せがある(HH, HV, VH, VV)

（b）対象の形状により，偏波ごとで返ってくる信号が変化

図 1.11　偏波観測の概念図

## コラム③ リモートセンシングのデータとツール：1000 万円コース

　近年，地上解像度が 1～5 m 程度の商業衛星センサが多数利用できるようになっています．特定のリモートセンシング観測に 1000 万円程度の予算が使える場合には，時期とエリアを特定して，航空機や高解像度衛星による新規観測をオーダーすることが可能となります．それぞれのセンサの特性や運用方法，データ販売方法などによって，価格設定は多様で，時期によっても変動します．したがって，具体的な観測業務や画像データ，解析ソフトなどについては，個別の情報をその都度収集して意思決定を行うことが必要になります．たとえば，2018 年時点では，約 100 km$^2$ のエリアを航空機搭載ハイパースペクトルセンサで観測する場合，条件によって変動はありますが，1 回おおむね 300～400 万円を要します．また，4～8 バンド程度の光学センサを搭載した衛星や SAR センサの場合には，1 時期の観測におおむね数十万円～百数十万円を要します．光学センサ，SAR センサとも，地上解像度 1 m 前後でのデータを取得することが可能です．
　一方，新たに高機能の専用解析ツールを導入するためには，1 ライセンス 100～150 万円を見込む必要があります．これらを勘案して，実施可能な観測回数やデータのタイプ（波長帯，解像度）を最適化することになります．

## 1.3 プラットフォームとセンサ

センサを搭載する装置を一般にプラットフォームとよんでいます．プラットフォームには携帯型，トラクタ，タワー，ドローン，航空機，そして人工衛星と多様なものがあります．それぞれ，地上高度や空間解像度，観測できる広さなどが異なり，目的によって使い分けられます．それぞれの概要を表 1.1 に示しています．

### ● 1.3.1 携帯型センサ：地上での観測

植生や作物群落，土壌表面，水面などの分光反射率を地上で測定するには，小型軽量でハンディな装置が利用できます．市販されている装置の例としては，350～1050 nm 程度の波長領域を数 nm～10 nm の分解能で連続的に取得することができる装置（例：英弘精機 MS-720，ASD 社 HandHeld-2）があります（図 1.12）．電源とメモリを内蔵しており，片手で持って繰り返しスペクトルデータを収録することが可能なため，野外での多数の地点を移動しつつ測定する場合などに好適です．また，NDVI を測定するハンディな測器も市販されています（右図）．一方，広い波長範囲（350～2500 nm）で基礎的なハイパースペクトルデータを取得する場合には，やや重量があるため背負い式で光ファイバーを装備した装置（例：ASD 社 FieldSpec 4）などが利用されます（図 1.13）．これらはいずれも画像計測ではなく，一定の視野角（光ファイバーの場合約 25°）の範囲に対する分光データを取得するものなので，実際に対象物のどの範囲を測定しているかには常に注意が必要です．

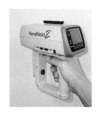

図 1.12　ハンディな分光放射計の事例　(左：英弘精機，中：ASD 社，右：Trimble 社)

これらのセンサを用いて対象物の分光反射率を得るには，対象物の測定値を，水平に置いた標準反射板の測定値で除して，その比を分光反射率とする方法が一般に行われます．通常，標準反射板は広い波長帯にわたって反射率がほぼ 1 の白色拡散板が用いられます（例：硫酸バリウムを均一に塗布した平板，Labsphere 社 SPECTRALON）．

また，正確な分光反射率を取得するためには，一般に太陽高度が高く安定した日中に測定を行うことが望ましく，衛星や航空機の地上検証として行う場合には，それら

図 1.13　350〜2500 nm 対応のハイパースペクトル分光放射計（ASD 社）

と同期的に行うことが必要になります．センサと太陽の天頂角や方位，さらには群落の畦の向きとそれらの相対的関係などは得られる分光反射率に影響するため，比較的それらの影響の少ない直下方向での測定が一般的です．

一方，自然植生だけでなく作物群落や土壌の表面は空間的に不均一なので，測定値の空間的代表性を確保することはもっとも重要な留意点の一つです．そのため，測定する地表面の不均一性とセンサの視野範囲の関係に留意しつつ，測定視野を移動させながら多数のデータを取得し，その平均値を代表値とすることが一般的です．また，丈の高い植物群落のように 3 次元的な構造がある場合などにも，群落の上端面から少なくとも数 m 離れた高度から測定することが，群落の分光反射特性を正確に測定する要件となります．

● 1.3.2　ドローンなどの無人航空機：低高度からの観測

植物群落や作物圃場群などの比較的狭い範囲を対象に，高い空間解像度でリモートセンシングを行いたい場合には，小型の無人ヘリコプターやドローン，飛行船が利用できます．これらのプラットフォームは，特定の必要な時期に関心エリアを集中的に観測したい場合に好適で，機動的なデータ収集ができるというメリットがあります．また，デジタルカメラからマルチスペクトルセンサ，本格的なハイパースペクトルセンサ，熱赤外画像センサまで，プラットフォームの性能と取得したい情報に応じて搭載センサの選定の自由度が高いといえます．

産業用途に用いられるマルチローター型のドローン，産業用無人ヘリコプター，飛行船などの無人航空機はほぼすべて 2015 年 12 月の改正航空法の規制対象となりました．無人航空機によるリモートセンシングにかかわる主な原則条件としては，飛行高度 150 m 以下，人口密集地 (DID) などの禁止区域，有視界飛行，日中運用，危険物の搭載および物体の投下禁止などが定められており，いずれかの条件を外れる場合には，国土交通大臣の許可を申請することが義務付けられています．

また，無線航空機の操縦や活用に必要な電波の利用に関しても，大幅な法的整備（総務省）が施行されました．これらの法整備により，新たな機体の開発ならびにリモートセンシングや測量・運送・農薬散布など多面的なドローン利用事業が活発化しつつあります．

測定装置としては，通常のビデオカメラやデジタルカメラを装備したドローンも多く市販されるようになっており，一般的な空撮は簡易に行うことが可能になっています．一方，少数の波長バンドを測定するマルチスペクトルカメラや連続的なスペクトルデータが取得できるハイパースペクトルセンサ，表面温度が取得できるサーマルカメラなども，高価ながら小型ドローンにも搭載可能な1kg以下の装置が開発されており，目的に応じて搭載センサを選定できます．そのため，リモートセンシングによる空間診断情報の収集・計量と農業・環境分野での産業的・専門的な活用には，目的とする情報や対象範囲，データ品質，実施体制などに対応して，適切な無人機体や搭載するセンサの仕様（画角，波長帯，解像度調査範囲，地上解像度，飛行高度，積載重量，飛行時間など）を選定することが肝要です．

リモートセンシング研究の先進的な成果をふまえたドローンリモートセンシングに関する研究も進められており，種々のセンサやアルゴリズム（評価方法）を適用して，作物の栄養状態や水ストレス，土壌の肥沃度などを随時観測し，空間診断情報として提供できるシステムが実現されています．図 1.14 にドローンリモートセンシングシステム開発のために使用しているシステムを示します．本体重量約 3 kg，搭載重量約 6 kg の機体に，多様な機能・形状のセンサ類を高い自由度で搭載できる筐体を接合したモデル機体です．画像計測には，それぞれの目的に応じて，マルチスペクトル画像センサ，ハイパースペクトル画像センサ，熱赤画像センサ，ハイビジョンカメラ，温湿度センサなどを搭載しています．観測は通常，事前に作成した経路に沿った自律飛行とし，高度は約 80〜100 m，飛行速度 4 m/秒で，1 飛行約 10 分で 2〜3 ha 程度を観測することが可能となっています．本装置のようなシステムは，航空法で規定され

図 1.14　圃場観測に好適なセンサを搭載したドローンリモートセンシングシステム

ている「軽量無人航空機」（最大離陸重量 25 kg 未満）に位置付けられます．バッテリ駆動のため，比較的騒音も小さく取り扱いも容易であるため，今後，大規模営農などでの利用も進むことが期待されます．

一方，わが国で農薬の空中散布用途に普及している産業用無人ヘリコプター（例：YAMAHA-RMAX，YANMAR AYH-3）は，最大離陸重量 100 kg 程度で「重量無人航空機」に位置付けられます．搭載重量が 20 kg 程度と大きいため，比較的多様なセンサ類を搭載することが可能です．市販のデジタルカメラ，ビデオカメラ，2～4 バンド程度の波長別画像を取得するマルチスペクトルカメラ（例：GSI-MS4100）などを搭載できます．**図 1.15** は，無人ヘリコプター（長さ約 2.7 m）にマルチスペクトル計測システムを搭載し，水田を観測している事例を示します．飛行高度は，一般に数 m～数十 m で，高い操縦技術が求められます．姿勢制御技術により安定性は向上したものの，一般に 100 m 以上の高さで観測を続けるには非常に高度な操縦技術が求められます．

図 1.15　マルチスペクトル画像計測装置を搭載した無人ヘリコプター

このほか，無線操縦の固定翼飛行機や垂直離着陸機，飛行船など，リモートセンシング用途のプラットフォームの開発や利用も進みつつありますが，まだ研究段階といえます（飛行船型プラットフォームについては**コラム④**参照）．

これらのプラットフォームによるリモートセンシングでは，分光画像計測装置の解像度や画角はレンズによって調整することが可能ですが，観測範囲を広くすると周辺の歪みや観測方向の違いによる影響が出るため，実際に利用できるのは，一般に直下 ±20° 程度が目安となります．そのため，連続して取得する画像間の重複性を調整することも必要になります．撮影装置の空間解像度は高いほど有利ですが，一般に消費

電力と重量，サイズが増加するため，積載容量や飛行時間との関係を考慮する必要があります．また，一定の関心エリアの単位（たとえば数 ha）の範囲で一つの画像を生成するためには，多数のフレームをモザイク合成する必要になります．

一般に，ドローンを含む低層プラットフォームの農業利用では，飛行機体については，

- 軽量で扱いやすく安全である
- 農機などによる適時作業に対応した十分な面積を迅速に観測できる
- 電源と好適なセンサを搭載して必要時間飛行できる十分なペイロード
- 飛行計画により安定自律飛行できる飛行性能

が求められます．また，センシングシステムには

- 生育診断に有用な情報を生成可能な分光画像や熱赤画像などの取得機能と専用アルゴリズム
- 営農意思決定に即応可能なデータ処理の迅速性

が要件となります．

また，どんな場合でも，上に述べた航空法，電波法などの規制を遵守して，安全かつ社会的な理解が得られる状態で使用することが重要です．

### ● 1.3.3 航空機やヘリコプター：中高度からの観測

小さな平野や市町村などの規模で地表面の実態を調査したい場合には，有人の航空機やヘリコプターが好適です．これらは 2015 年 12 月の改正航空法で規定された「無人航空機」以外のプラットフォームに含まれ，最低飛行高度が都市域では 300 m，それ以外で 150 m となっています．本書で取り上げているような農地観測や環境計測の目的の場合には，航空測量会社やヘリコプター運用会社などの機体をチャーターするか，観測データ取得自体を委託することになります．

搭載センサとしては，航空機専用のハイパースペクトルセンサや熱赤外画像センサ，LIDAR（レーザ測距システム）などがあります（項末の表 1.5 を参照）．航空機などに光学センサを搭載して植物や農地を観測する場合に，とくに考慮すべき主要なポイントは，目的とする情報と観測範囲，観測期間，費用などの実施条件，および天候条件になります（表 1.3，1.5 参照）．これらが観測の実行可能性，センサ機種の選定，および良好なデータ取得確率を左右します．通常，目視判定が目的であれば，可視領域のみでも用途は広いものの，植物の生育量や病気の検出などのためには，近赤外波長の必要性が高くなります．観測範囲については，特定の 1～2 日の短期間に関心エリア全域を一挙に観測することが求められる場合には，$100\,\mathrm{km}^2$ 程度が一つの目安にな

ります．このような時期特定の観測を好適な条件で行えるかどうかは，天候状態に大きく依存するため，通常，1週間程度の待機期間を設けるのが一般的といえます．

現在，これらのプラットフォームで利用可能な主なセンサは，可視～熱赤外波長領域のマルチスペクトルスキャナとハイパースペクトルスキャナです．高度 1000～2000 m 程度から，地上解像度 1～2 m 程度で，多バンド計測が可能です．

有人ヘリコプターは，航空機よりも機動性が高いため，気象災害や病害などの分布や程度の調査には好適です．図 **1.16** に有人ヘリコプター用に開発した汎用のマルチスペクトル装置の概要を紹介します．本システムは，センサ部およびその制御と波長別画像の記録とを行う制御部からなっています．センサ部は干渉フィルタ付きの高解像度 CCD カメラ 5 台と短波長赤外カメラおよび熱赤外カメラを用いており，従来のスチル写真やビデオ装置では不可能であった可視～近赤外領域 (460, 560, 660, 830, 950 nm)，短波長赤外領域 (1650 nm)，および熱赤外領域 (8～13 μm) の波長別画像を取得可能です．また，本システムは 2 次元の素子を用いているため，スキャナ方式と異なり位置精度の高い画像を取得できます．制御システムは大容量のメモリを内蔵し，従来困難であった高解像度の波長別デジタル画像の連続記録を可能にしています（画像数：可視～近赤外領域 $1280 \times 1024$，短波長赤外領域 $640 \times 480$，熱赤外領域 $512 \times 480$）．シャッタ速度・画像取得間隔・連続取得サイクル数・フォーカス・絞りなどの制御は，画像モニタ画面上で調整する方式になっています．ヘリコプター本体に影響を与えないよう，システム全体の電源はバッテリにより完全に独立しています．図 **1.17** のように，有人ヘリコプター AS350 に搭載した観測実験によって得られた画質は良好なものでした．飛行高度と画角を調節することによって，数 cm～数十 cm の

図 1.16　有人ヘリコプター AS350 に搭載した航空用デジタル分光画像計測システムのセンサ部（左）と制御部（右）

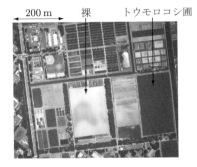

(a) 660 nm ± 5 nm の波長帯　　　　(b) 830 nm ± 10 nm の波長帯

図 1.17　航空機用デジタル分光画像計測システムによる波長別画像の例．地上解像度は約 35 cm

高い地上空間分解能で観測できます．地上で同時計測した反射率や放射温度データとの比較から，少数の校正データで反射率や表面温度を精度よく求められることが検証されています．

一方，航空機やヘリコプターに距離測定装置（レーザプロファイラ）を搭載することも可能となっており，地表面形状や森林構造の測定に多用されています．これは，レーザパルスを検出する走査型 LIDAR (light detection and ranging) で，航空機搭載システム (EnerQuest 社，RAMS) ではレーザパルスを毎秒 15000 回照射して計測を行い，高さ方向の精度は ±15 cm とされています．

表 1.5　農業・環境情報に利用可能な主な航空機センサの概要

| 衛星センサ | 波長帯 [μm] | 空間解像度 | 観測幅 | 開発元 |
| --- | --- | --- | --- | --- |
| ◆光学波長領域ハイパースペクトルセンサ | | | | |
| CASI-1500h | 0.38〜1.05 (最大 288ch) | 約 0.5 m (高度 1000 m) | 視野角約 40° | Itres（カナダ） |
| AISA-Fenix | 0.38〜0.97 (最大 248ch) 0.97〜2.5 (最大 274ch) | 約 1.5 m (高度 1000 m) | 視野角 22〜36° | Specim （フィンランド） |
| AVIRIS | 0.37〜2.5 (最大 224ch) | 約 1.0 m (高度 1000 m) | 視野角約 30° | JPL（米国） |
| Hymap | 0.45〜2.5 (最大 128ch) | 約 2.0 m (高度 1000 m) | 視野角約 60° | HyVista （オーストラリア） |
| ◆熱赤外波長領域センサ | | | | |
| TABI-1800 | 3.7〜4.8 (−2〜500 ℃) | 約 0.4 m (高度 1000 m) | 視野角約 40° | Itres（カナダ） |

表 1.5 は農業・環境情報の計測に利用できる可能性の高い主な航空機センサの概要を一覧にしたものです．ハイパースペクトルセンサおよび熱赤外センサが利用できること，ならびに高解像度である点が大きな魅力になっています．

> **コラム④ 飛行船型低層巡航リモートセンシングシステム**
>
> 飛行船もリモートセンシング用のプラットフォームとして有望です．農業環境技術研究所（現・農研機構 農業環境変動研究センター）では，低高度を巡航しながらマルチスペクトル画像計測を行う飛行船型のリモートセンシングシステムを試作開発しました．本体は長さ約 23 m，最大直径約 7 m，総容積約 400 m$^3$（うち，ヘリウム容量約 320 m$^3$）の飛行船型システムです．6 気筒エンジン（25 馬力）を備え，無線制御により，制御地点から半径 1 km 程度の範囲で航行が可能です．センサなどの搭載能力は約 100 kg，最大時速約 40 km，飛行高度は約 30〜200 m 程度です．直下モニタ用のビデオ画像を無線伝送することにより，観測範囲を確認しながら，飛行高度を画像データとともに記録します．上空において静止または超低速で巡航しつつ，良好な画像データを連続的に取得することが可能です．飛行船型システムは，巡航の速度，高度，安定度，騒音，観測の自在性などの面において優れています．作物や農耕地特性の高精細度マッピングや精密 GIS などのための低層リモートセンシングに応用が可能です．
>
>

### ● 1.3.4 地球観測衛星：宇宙からの観測

自然界には，高山，砂漠，極地，海洋など人間がアクセスしにくい場所が多くあります．また，人間による広域の観測には時間がかかるため，時間変動の大きな現象の観測は困難でした．しかし，1972 年に打ち上げられた Landsat 1 号から本格的な衛星による地球観測が始まり，アクセスしにくい場所のデータも容易に取得することが可能になり，地球全域を等間隔でサンプリングできるようになりました．衛星観測は陸域，海域，大気などのスペクトル変化を周期的に，広域的に画像化して観測できる利点をもっています．言い換えると，衛星によるリモートセンシングは対象の時空間的サンプリング能力を格段と高めたといえます．

サンプリング能力はセンサの時間，空間，分光の解像度によって決まります．

## 空間解像度と瞬時視野

1972年に打ち上げられたLandsat 1号に搭載されたセンサMSSは1画素の大きさが約80mでしたが，Landsat 7号のETMでは10〜30m，SPOTでは8〜20m，ALOS/AVNIR-2では10〜20mと空間解像度が向上しました．そして，最近のIKONOS，QuickBird，GeoEye，WorldViewシリーズなどの高空間解像度のセンサは，航空機観測に近い0.3〜3mの高い空間解像度を有しています．

一方，視野（走査幅）はLandsatやALOSなど中空間解像度の衛星は50〜200kmですが，高空間解像度センサは，いずれも10km程度と狭くなってしまいます．空間解像度と視野はトレードオフの関係にあります．主要な地球観測衛星の性能の詳細は，項末の表1.6に示したとおりです．

## 分光解像度

たとえば，500〜1000nmという同じ波長の幅の中であれば，5バンドよりも10バンドというように数が多いほうが分光解像度は細かいということになります．また，一つの分光帯域幅は狭いほうがより先鋭的にその波長の特徴を表し，広くなるにつれて平均的な特徴を表すことになります．Landsat/MSSは可視〜近赤外 (500〜1100nm) を4バンドで，分光帯域幅（半値幅）は緑バンド (MSS-1)・赤バンド (MSS-2)・近赤外バンド (MSS-3) が100nm，近赤外2 (MSS-4) が400nmでしたが，最近のMODISは近紫外〜可視，熱赤外までを36バンドでカバーし，分光帯域幅も狭くなり，大気・陸域・水域の諸現象の観測が可能になっています．さらに，画素ごとに物体のスペクトル変化をほぼ連続的に観測できるようなハイパースペクトルセンサも開発されています．EO-1衛星に搭載されたハイペリオンは400〜2400nmを220バンドで観測し，波長解像度も10nmとなっています．主な衛星の可視〜近赤外領域のバンドを図1.18に示しました．

## 時間解像度

衛星の軌道は大きく分けて，地球の南北を横切って飛行する極軌道衛星（軌道回帰衛星ともいう）と，赤道上に静止している静止衛星とがあります（図1.19）．極軌道衛星は太陽電池パネルを有効にはたらかせるため，太陽同期軌道とよばれる500〜1000kmと比較的地球に近い高度を南北に周回する軌道を飛行します．この軌道では，衛星が南北に回り続ける間に地球が東に自転するので，結果として地球のほぼ全域をくまなく観測することができるという特長をもっています．

LandsatやALOSなどの極軌道衛星では，もとの軌道に回帰するのにLandsatで16日，ALOSで46日かかります．したがって，直下を見た場合の時間解像度は16日（46日）に1回ということになります．もし，対象とする領域の天候が不良で観測が

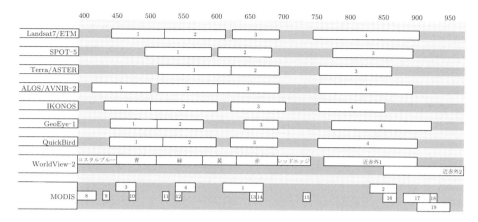

図 1.18 主な衛星の可視〜近赤外領域のバンド

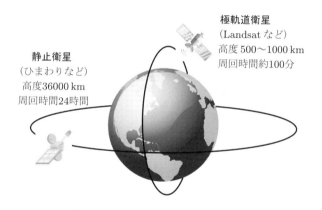

図 1.19 極軌道衛星と静止衛星の軌道

できないと，さらに 16 日（46 日）待たなければならなくなります．極軌道衛星が地球を一周するのに通常 100 分程度かかりますので，単純に回帰日数だけを小さくすることは困難です．

　時間解像度を高める一つの対策は観測幅（視野角）を広くすることです．毎日 1 回地球全域をカバーするためには，360°を 1 日の周回数で割った観測幅のセンサを考える必要があります．たとえば，毎日観測が可能な NOAA の AVHRR の視野は約 2600 km あります．Terra および Aqua に搭載されている MODIS の視野は約 2000 km と AVHRR より狭いため，熱帯周辺では 3 日に 2 回という観測頻度になってしまいます．一方，広い視野角のセンサでは走査端の空間解像度は低くなり，また，幾何的歪みも大きくなってしまいます．

　もう一つの対策は，ポインティング（斜方視）機能をもたせることです．つまり，セ

ンサの見る向きを変えたり衛星自体を傾けることで，隣などの軌道から観測するのです．たとえば，ALOS の回帰周期は 46 日ですが，ALOS/AVNIR-2 はセンサを最大 44°傾けることで，極域の一部を除く地球上すべての地域を 3 日以内で観測することができます．

　それ以外の対策として，同じ衛星を数多く上げる，特殊な軌道を使うという方法があります．SPOT の場合は 3 台の衛星とポインティング機能 (20°) とを併用することによって，観測幅は 60 km ですが 3 日に 1 回の観測を可能としています．実際，このような事例は増えてきており，RapidEye や COSMO-SkyMed，Pleiades など複数衛星による高時間分解能を達成しています．これらのように複数衛星を同じ軌道に投入することで観測頻度を上げる運用をコンステレーションとよびます．別の衛星と提携してコンステレーションを組む構想もあります．

　さらに，超小型衛星を軌道上に多数投入することで観測頻度を一気に向上することも始まっています．たとえば，Planet 社は 2016 年までに 44 機，2017 年までに 120 機の Dove とよばれる超小型衛星（10 cm×10 cm×30 cm）による高分解能（3 m または 3.7 m）高頻度（毎日）観測を提供する事業を始めています．また，東大発のベンチャー企業であるアクセルスペース社は，50 機の人工衛星を投入し，地球の広い範囲を毎日観測できる画像データプラットフォーム「AxelGlobe」を構築すると発表しています．これらの多数超小型衛星群によるビジネスモデルは，衛星画像の販売でなく，より規模の大きい，蓄積した衛星画像を利用するアプリケーションを市場としており，その一つとして，農業分野における収穫高の予測，施肥量の決定，最適収穫時期の決定など精密農業への利用をうたっています．

　軌道による観測頻度の向上としては，たとえば，台湾の FORMOSAT は地球全体を観測することをあきらめ，自国上空のみは毎日通る特殊な軌道で運用しています．一方，気象衛星では台風や雲の動きを観測することを対象としており，10 分〜1 時間の時間解像度が必要となります．そのため，ひまわりのような赤道上に静止している静止衛星が用いられます．静止衛星といっても，実際には地球の自転速度と同期して赤道上を飛行しており，地球上から衛星を見ると 1 点に止まっているように見えるため静止衛星とよばれます．

　**表 1.6** は農業・環境情報の計測に利用できる可能性の高い主な衛星センサの概要を一覧にしたものです．農業生産の分野ではとくに高頻度かつ高解像度の観測が求められる場合が多いのですが，表に示すように，近年，特性の類似した光学センサが多数打ち上げられていることから，良好な画像の取得確率は格段に高まっています．さらに，全天候型である SAR センサについても X バンドのように地上分解能の高いセンサも運用が開始されており，多様な実用的使用が期待されます．目的によっては，過

去にさかのぼってデータを解析することが不可欠な場合には，長期間にわたって蓄積された一貫性のあるデータが威力を発揮します．

表 1.6　農業・環境情報計測に利用可能な主な衛星センサの概要

| 衛星センサ | 波長帯 [μm] | 空間解像度 | 回帰周期 | 観測幅 | 備考 |
|---|---|---|---|---|---|
| ◆高〜中解像度の光学衛星センサ | | | | | |
| QuickBird-1/2 | 0.45〜0.90 (4ch) | 2.4〜2.6 m | 1.5 日〜 | 16.5 km | 2001 年〜 |
| | 0.45〜0.90 (パンクロ) | 0.6〜0.7 m | 斜 ±30° | | 高解像度 |
| GeoEye-1 | 0.45〜0.92 (4ch) | 1.6 m/1.2 m | 2 日 | 13.1 km | 2008 年/2016 年〜 |
| WorldView-4 | 0.45〜0.80 (パンクロ) | 0.4 m/0.31 m | 3 日 (斜±30°) | | 高解像度 (GeoEye-2) |
| WorldView-2 | 0.40〜1.04 (8ch) | 1.9 m | 1.1 日 (斜±30°) | 16.4 km | 2009 年〜 |
| | 0.45〜0.80 (パンクロ) | 0.5 m | | | 高解像度多バンド |
| WorldView-3 | 0.40〜2.37 (16ch) | 1.2 m | 1.1 日 (斜±30°) | 13.1 km | 2014 年〜 |
| | 0.45〜0.80 (パンクロ) | 0.3 m | | | 高解像度多バンド |
| Dove | 0.46〜0.86 (4ch) | 3.7 m | 1 日 | 24 km | 2017 年〜Planet 100 機超体制 |
| Pleiades | 0.45〜0.92 (4ch) | 2.8 m | 26 日 | 20 km | 2011 年〜 |
| | 0.48〜0.82 (パンクロ) | 0.5 m | 3 日 (斜±30°) | | 高解像度 2 機体制 |
| RapidEye | 0.44〜0.85 (5ch) | 6.5 m | 1 日 | 77 km | 2008 年〜 中解像度 5 機体制 |
| SPOT-6/7 HRG-X | 0.46〜0.7 (4ch) | 8 m | 26 日 | 60 km | 1986 年 1 号以来データあり |
| HRG-P | 0.46〜0.75 (パンクロ) | 1.5 m | | | 中解像度 |
| Sentinel-2 | 0.44〜2.2 (13ch) | 10〜60 m | 10 日 | 290 km | 2015 年〜 中解像度／無料公開 |
| Landsat 8 LDCM | 0.43〜2.30 (7ch) | 30 m | 16 日 | 185 km | 1972 年の 1 号以来のアーカイブ |
| | 10.6〜12.5 (2ch) | 100 m | | | 中解像度／熱赤外 |
| | 0.50〜0.68 (パンクロ) | 30 × 15 m | | | 2009 年より無料公開開始 |

表 1.6 農業・環境情報計測に利用可能な主な衛星センサの概要（続き）

| 衛星センサ | 波長帯 [μm] | 空間解像度 | 回帰周期 | 観測幅 | 備考 |
|---|---|---|---|---|---|
| ASTER VNIR | 0.52〜0.86 (4ch) | 15 m | 16 日 | 60 km | 1999 年〜 中解像度 |
| SWIR | 1.60〜2.43 (6ch) | 30 m | | 60 km | 短波長赤外・熱赤外に特徴 |
| TIR | 8.13〜11.7 (5ch) | 90 m | | 60 km | |
| ALOS1 AVNIR2 | 0.42〜0.89 (4ch) | 10 m | 46 日 | 70 km | 2006 年〜2011 年 |
| PRISM | 0.52〜0.77 (パンクロ) | 2.5 m ステレオ | | 35 km | 2006 年〜2011 年 |

◆ SAR 衛星センサ

| 衛星センサ | 波長帯 [μm] | 空間解像度 | 回帰周期 | 観測幅 | 備考 |
|---|---|---|---|---|---|
| RADARSAT-2 | C(5.41 GHz) 4 偏波 | 1〜100 m 12 モード | 24 日 | 18〜500 km | 1995 年の 1 号以来データあり，2009 年〜観測頻度 1 号の 2 倍 |
| Cosmo-SkyMed | X(9.65 GHz) 4 偏波 | 1〜30 m 3 モード | 16 日 | 10〜100 km | 2007 年〜 4 機体制で高観測頻度 |
| TerraSAR-X | X(9.65 GHz) 4 偏波 | 1〜16 m 5 モード | 11 日 (2.5〜) | 5〜150 km | 2007 年〜 2 機体制 |
| Sentinel-1 | C(5.41 GHz) 2 偏波 | 20 m 4 モード | 12 日 | 250 km | 無料公開 |
| ALOS1/2 PALSAR | L(1.27 GHz) 4 偏波 | 3〜100 m | | 50〜350 km | ALOS2 は 2014 年〜 |

◆ 高頻度観測・低解像度光学衛星センサ

| 衛星センサ | 波長帯 [μm] | 空間解像度 | 回帰周期 | 観測幅 | 備考 |
|---|---|---|---|---|---|
| NOAA AVHRR | 0.58〜1.0 (2ch) 3.55〜3.93 10.3〜11.3 | 1 km | 1 日 | 2500 km | 1960 年以降長期アーカイブ |
| SPOT-VGT | 0.43〜1.75 (4ch) | 1 km | 1 日 | 2200 km | Spot-4/5 搭載 1998 年以降アーカイブ |
| MODIS | 0.62〜0.88 (2ch) | 250 m | 1 日 | 2330×10 km | 2000 年以降アーカイブ |
| | 0.46〜2.16 (5ch) | 500 m | | | |
| | 0.41〜0.88 (9ch) | 1 km | | | |

# 第2章
# リモートセンシングデータの利用事例

　リモートセンシングでは各種のプラットフォームとセンサを用いてさまざまな信号データを取得しますが（1.3節），大切なことは，その信号データから有用な情報を抽出したり，計測画像を意味のあるマップに変換することです．ここでは，地上観測，航空機・ドローン，および衛星による観測の実際と，得られたデータから有用な情報を取り出す方法について，事例を通して紹介します．

##  2.1　地上観測

　地上での計測は，1.3.1項で詳述したように，携帯型あるいは地上設置型のセンサによる比較的狭い面積を対象にした測定になります．そのため，測定の対象や範囲が明確で，精密な測定も可能であるため，さまざまな条件での分光反射率を求めるなど，研究目的の基礎データを取得することが可能です．また，航空機や衛星による観測と同期して測定した地上データは，センサ校正や大気影響の補正など，データの精度や信頼性確保のために重要な役割を果たします．一方応用面では，ハンディな簡易センサを用いて，関心ポイントを手軽に調査できるというメリットもあります．

### ● 2.1.1　計測データからの情報抽出：携帯型分光センサ
#### ●●● 概要

　地上で分光反射率を測定する際には，携帯型の分光放射計が用いられます（1.3.1項参照）．分光センサとしては，少数の離散バンドをもつ簡易センサと連続スペクトルを測定する高波長分解のセンサ（ハイパースペクトルセンサ）があります．なお，いずれのタイプでも特定の視野角の範囲の平均値を計測するセンサと，対象を2次元で計測する画像センサがあります．

> **Point**
> 画像計測ではなく一定の視野角（光ファイバーの場合約25°）の範囲に対する分光データを取得する場合には，実際に対象物のどの範囲を測定しているかには常に注意が必要です．

センサのタイプによらず，群落の分光反射率を決定する因子は光源とセンサの方向，群落の特性（茎葉の量と空間分布，葉の色素や水分含有率，葉の内部構造）とその背景となる土壌や水面の状態が関与します（図 2.1）．したがって，取得した分光データから生育特性など必要な情報を計量するためには，1.3.1 項に詳述したように計測手順には十分注意して，分光反射率の精度と再現性を確保する必要があります．

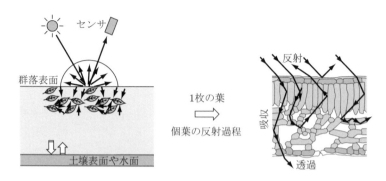

図 2.1　群落の分光反射率の決定プロセスと関与する主因子

分光計測データから有用情報を抽出する方法としては，一般に 1.2.1 項で説明した植生指数（例：NDVI）のような簡易なバンド間演算がよく用いられます．とくに，センサやプラットフォームによらず，少数の離散バンドのデータが取得される場合には，植生指数と目的とする変数との関係が用いられます．一方，非常に多数のバンドの分光データが取得されるハイパースペクトルデータを用いることによって，目的とする変数の推定にとってより密接に関係する波長を選定したり，精度や適用性がより高い推定モデルを導くことが可能となります．本項では，分光反射率データから水稲の群落窒素含有量を推定する方法を例として，ハイパースペクトル計測データから有用情報を抽出するための解析手法について紹介します．

### ●●●解析手法

ハイパースペクトルデータから目的変量を評価するための方法として，少数の有用波長を選定して波長間演算を行う**分光反射指数**と，ハイパースペクトルデータ全体を用いる多変量回帰法を紹介します．

### 少数の有用波長を用いる分光反射指数

任意の 2 波長反射率を用いる**正規化分光反射指数** (NDSI：normalized difference spectral index) をつぎのように定義して用います．

$$\mathrm{NDSI}(R_i, R_j) = \frac{R_j - R_i}{R_i + R_j} \tag{2.1}$$

ここで，$R_i$ と $R_j$ はそれぞれ波長 $i\,[\mathrm{nm}]$，$j\,[\mathrm{nm}]$ の反射率であり，$i = 660\,\mathrm{nm}$，$j = 830\,\mathrm{nm}$ の場合は正規化植生指数 NDVI に相当します．2 波長正規化指標は簡易なだけでなく，観測条件や背景効果などの影響を軽減化する効果があり，近接波長の NDSI は微分処理に類似した効果があります．また，二つの波長の反射率の比 RSI (spectral ratio index) も同様な効果があります．

$$\mathrm{RSI}(R_i, R_j) = \frac{R_i}{R_j} \tag{2.2}$$

ハイパースペクトルデータが得られる場合には，全波長の組合せについてこれらの指数を算出し，目的とする変量（この場合，群落窒素含有量）の予測力の見取り図（決定係数[†1]$r^2$ や予測誤差の分布図）を作成することがきわめて有用です．ハイパースペクトルデータの場合には，各波長の反射率 $(R_i, R_j)$ だけでなく，1 次微分値 $(D_i, D_j)$ を用いた NDSI $(D_i, D_j)$ と RSI $(D_i, D_j)$ についても同様の計算を行い，予測力を比較することができます．

**多変量回帰手法**

ハイパースペクトル計測では多数の波長データが得られるため，2 波長反射率をすべて用いた予測法も有力と考えられていますが，一般に，重回帰法では冗長性／多重共線性が強いため，予測力が不安定になります．そこで，全波長を用いる PLS 回帰法 (partial least squares regression) と，それに波長選択を併用する方法（IPLS 回帰法）が適切です．主成分回帰法は説明変数間の相関関係に基づくのに対して，PLS では目的変数の変異を同時に考慮します．さらに，IPLS では全体の検証の平均 2 乗誤差 RMSEval を指標として，予測力に寄与しない波長を逐次的に除外し，PLS 回帰法を最適化します．

● ● ● **観測手順【イネ群落窒素含有量の予測】**

1. 群落窒素量が大きく変異する群落を対象に，精密な計測データを取得します（図 **2.2**）．

    ——この例では，日本および中国で多様なイネ群落（9 品種），栽培条件（肥料水準 4 段階）を対象として多年次（それぞれ 4 か年および 3 か年）にわたって取得した反射スペクトルデータを用いています．反射スペクトルは，携帯型のハイパースペクトルセンサ（ASD-FieldSpec：波長域 350〜2500 nm，波長分解能 3〜5 nm）を用いて，イネの重要な生育診断時期である幼穂形成期（出穂前 25〜10 日）に，晴天条件の日中（10:00〜14:00 LST）に群落上 2.0 m 程

---

[†1] 相関関数 $r$ の 2 乗で，予測力を示す統計的指標．

度の高さから直下視で，群落反射率を代表するように十分多数の地点を反復測定し，標準板（SPECTRALON）のデータを基準として反射率を求めたものです（1.3.1 項参照）．

> **Point**
> 作物群落を地上計測する際には，このような観測方法が標準的に用いられます．

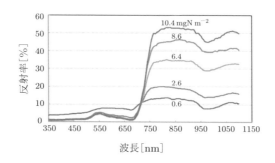

図 2.2　地上で測定されたハイパースペクトルデータ

2. 窒素含有率を化学分析（micro-Kjeldahl 法）により定量し，窒素含有率，群落窒素含有量を求めます．

——それぞれ 0.99〜3.58％，0.31〜16.52 g/m$^2$ となりました．

● ● ● **結果**

図 **2.3** にすべての波長組合せを用いた分光反射指数 NDSI と RSI の予測力の分布図を示しました．この分布図を利用することで，実際に利用できるセンサの特性に応じて，群落窒素含有量を推定するために有力な波長位置と波長幅を選定することができます．結果として，決定係数 $r^2$ がもっとも大きい NDSI $(R_{825}, R_{735})$ と RSI $(R_{825}, R_{735})$ がとくに有望であることがわかります．さらに，反射率の代わりに 1 次微分値を用いると予測力がより向上することがわかり，もっとも有望な 2 波長型指数として，RSI $(D_{740}, D_{522})$ が選定されました．地上計測データ，航空機ハイパースペクトルデータに対してこれを用いて予測力を検証した結果，図 **2.4** のように高い精度で群落窒素量を予測することが可能となりました（図解②）．

以上で主に用いた分光指数法は，ハイパースペクトルデータの全波長を利用する重回帰法や PLS 回帰法と同等かそれよりも安定した予測力をもつことが確認されています．このようにして開発された評価アルゴリズムは，地上計測データだけでなく，航空機観測データや衛星データに適用され，生育診断での実用化が進みつつあります．

以上のように，ハイパースペクトルデータは，植物の生理・生態・収量・品質にかかわる量的・機能的特性（光利用効率，葉面積指数，バイオマスなど）や成分特性（窒

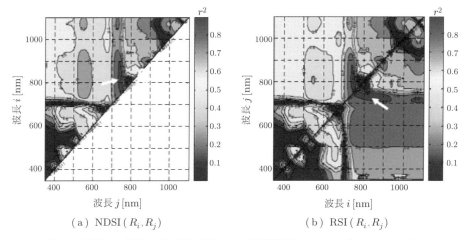

**図 2.3** 任意の 2 波長の反射率値を用いた分光反射指数 NDSI (a) と RSI (b) による予測力の分布図（→カラー口絵）

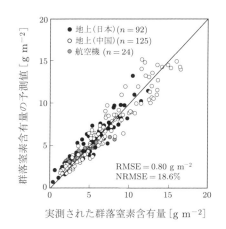

**図 2.4** 地上センサおよび航空機センサによる群落窒素量の推定結果（$n$：サンプル数）

素，クロロフィル，リグニン，セルロース，タンパク含有率など）を推定するうえでとくに有望と期待されます．

### 🌱 コラム⑤：野外計測用高速ハイパースペクトル画像計測システム

2018 年現在でも，ハイパースペクトル画像計測を簡易かつ安定的に行うことは容易ではなく，各国のメーカーがハイパースペクトルイメージャの開発を競っています．農業環境技術研究所（現・農研機構農業環境変動研究センター）では，2000 年にすでに野外条件で使える携帯型のハイパースペクトル画像計測システムを試作しました．本システムでは分

光に音響光学素子 (AOTF) を用いています．二酸化テルル結晶に周波数の異なる振動を与えることにより，屈折率を変化させて分光フィルタの機能をもたせ，周波数に応じた波長別の画像を CCD カメラで順次検出する方式です．波長範囲は 500〜1000 nm，波長分解能（半値幅）は可視域 3 nm〜近赤外域 5 nm です．コンピュータ制御により波長，波長数，繰返し記録数などを容易に設定できます．機械的可動部がないため，ミリ秒オーダーで特定波長の画像を選択・走査します．小型軽量で DC 駆動のため，とくに野外計測に好適です．植物生理生態学研究や精密農業管理のためのリモートセンシング手法の研究，将来の衛星センサの波長仕様の検証などにも応用が可能です．なお，波長域両端で感度が低い，視野角がやや狭い（10°程度），波長収差が若干あるなど，現存素子の性能に起因する制約に留意が必要です．

● 2.1.2 作物生育の監視：デジタルカメラ（図解①参照）
● ● ● 概要

　農業の新たな成長戦略として，ICT 化による生産の効率化や高付加価値生産物の創出への期待が高まっています．勘と経験に頼る旧来の家族経営から，技術のマニュアル化・生産工程の管理を徹底する企業的経営へ転換が進みつつあります．農業用 ICT 関連機器の一つとして，水田の水位をスマートフォンで 24 時間監視することができる農業用気象観測ロボットの販売・普及が進んでいます．一方，作物の生育状態の監視という点では，ネットワークカメラによる定点モニタリングが主で，生育量の変化を自動的に計測してくれるまでには至っていません．水稲やトウモロコシといった土地利用型作物は，品種や気象条件によって毎年育ち方が大きく変化するため，気候に合った最適な品種選びができているかを検証するためにも，日々の生育量の変化を記録することが必要とされています．

　ここでは，水稲，トウモロコシおよびダイズの生育量を推定することを目的とした安価な市販カメラを利用した作物フェノロジー自動観測装置の紹介をします．

### ●●● 観測装置

特注の防水ケースに入った 2 台のデジタルカメラ,無停電電源装置,AC–DC・DC–DC コンバータにより,作物フェノロジー観測システム (CPRS:crop phenology recording system) を構成しました.AC 電源を確保できない場所においても利用できるように,オプションで太陽電池電源システムに切り替えることができるよう設計しています.2 台のカメラのうち 1 台は,カットフィルタを取り外してバンドパスフィルタ(中心波長 830 nm)を装着することで,近赤外カメラに改造しています.2 台のカメラを設置する高さは,対象作物に応じて設定し(水稲:1.4 m,トウモロコシ:3.6 m,ダイズ:3.4 m),レンズを鉛直下向きに向けて固定します.カメラの ISO 感度調整については「Auto」を選択,インターバル撮影モードにより 1 時間ごとに撮影し,夜間になると自動的にフラッシュ撮影を行うように設定します.図解①の図 2 のように,夜間撮影された近赤外画像は葉色の変化を捉えることができませんが,各作物群落の形態的な特徴をよく写していることがわかります.

### ●●● 解析手法

市販のデジタルカメラを用いた観測方法の多くは,デジタル画像上の赤・緑・青の画素値(0〜255 の数値.値が大きいほど明るい)を組み合わせて植生指数を計算します.ここでは,JPEG ファイルのヘッダー部分に記録された露出に関する情報(シャッター速度,F 値,ISO 感度)を活用し,入射光量の相対的な変化を考慮した 2 種類のデジカメ植生指数 (ev-CI$_{green}$, NRBI$_{NIR}$) の特徴を紹介します.

デジタルカメラ画像に記録された画素値(DN 値)は,ガンマ補正が施されているため,入射光の強さに対して非線形な関係にあります.室内の暗室実験によって得た 6 次の補正式を用いて[28],イメージングセンサ上における光の強さに対して直線関係が成り立つように,画素ごとに DN 値を cDN 値に変換します.そして,バンドごとに画像平均された cDN 値と露出情報を入力値とし,次式により,カメラレンズに入射した光の相対的な強度の指標となる ev_cDN 値を計算します.

$$\text{ev\_cDN}_{green,NIR} = \text{cDN}_{green,NIR} \times 2^{\{2\log_2(F) - \log_2(T) - \log_2(\frac{ISO}{64})\}} \tag{2.3}$$

ここで,cDN$_{green,NIR}$ は緑と近赤外バンド画像に対して線形補正後の cDN 値を画像全体で平均処理した値,$F$ はカメラ絞り値,$T$ はシャッター速度,ISO は ISO 感度値です.

夜間フラッシュ撮影された近赤外画像から計算した ev_cDN$_{NIR}$ については,特殊な撮影条件を考慮し,NRBI$_{NIR}$ (night-time relative brightness index in NIR) という別名で定義しています.

$$\mathrm{NRBI_{NIR}} = \mathrm{ev\_cDN_{NIR}} \ [夜間撮影] \tag{2.4}$$

昼間に撮影されたカラー画像と近赤外画像を用いたデジカメ植生指数 $\mathrm{ev\_CI_{green}}$ を，次式により計算します．

$$\mathrm{ev\_CI_{green}} = \frac{\mathrm{ev\_cDN_{NIR}}}{\mathrm{ev\_cDN_{green}}} \tag{2.5}$$

1時間ごとに計算される出力値には，天候，太陽光高度，葉の濡れ具合，レンズ曇りなどを原因とする短期的に変化するノイズ情報が多く含まれるため，生育調査データとの比較には，昼間（10〜14時），夜間（22〜翌2時）に観測された値を日平均，7日間移動平均処理をすることで作成した，各植生指数の季節変化プロファイル（平滑化データ）を用いています．

●●● 結果

坪刈りにより計測された生育調査データと比較した結果，$\mathrm{NRBI_{NIR}}$ は，地上部乾物重（トウモロコシ，ダイズは子実を除く）と高い相関関係が示されました（**図2.5**）．

夜間フラッシュ撮影された近赤外画像が有効であったことの理由として，つぎのような説明が考えられます．一般に，「光の強さは光源からの距離の2乗に反比例する（逆2乗の法則）」といわれています．CPRS は，夜間に一定の高さから照射されるフラッシュ光を光源として観測していることから，カメラと作物群落上部との距離が縮まり（草丈が伸び），また，葉が繁茂（植生被覆率が増加）するにつれ，群落で反射されカメラレンズに戻ってくる光の強さが増すことになります．$\mathrm{NRBI_{NIR}}$ は，2次元水平方向（植生被覆率）と高さ方向（草丈）の変化を含む，群落の3次元的な形態的変

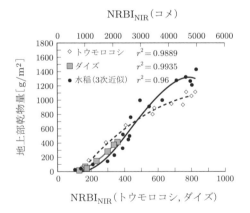

図2.5 $\mathrm{NRBI_{NIR}}$ と地上部乾物重の比較（トウモロコシ，ダイズについては子実を除く）

化を反映しているため，結果的に地上部乾物重と高い相関系を示したものと考えられます．

ev-CI$_{green}$ については，葉面積指数 (LAI) との高い相関関係があることが示されました（図 2.6）．ev-CI$_{green}$ は，同一地点・同一時期に観測された MODIS データから計算した時系列 CI$_{green}$ データとも高い相関係数（直線近似）を示していることから（トウモロコシ：$r^2 = 0.81$，ダイズ：$r^2 = 0.95$），衛星リモートセンシングの地上検証データとしても役立つと期待されます．

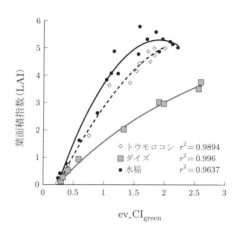

図 2.6　ev_CI$_{green}$ と葉面積指数 (LAI) との比較

## 2.2　ドローン，航空機観測

1.3 節で詳述したように，リモートセンシングにはさまざまなプラットフォームとセンサが用いられます．携帯型センサによる地上での計測は狭い範囲を対象として随時に精密な計測を手持ちで行えるのに対して，圃場群や産地スケールでの面的な観測をしたい場合には，ドローンや航空機が好適です．

● 2.2.1　作物診断情報の生成：ドローンによる圃場観測
● ● ● 概要

ドローンを用いるリモートセンシングは，1.3.2 項で説明したように，数〜数十 ha の比較的小面積を低空から機動的に観測できるというメリットがあります．ここでは，純国産ドローンにマルチスペクトル画像センサ，ハイパースペクトル画像センサ，熱

赤外画像センサ，および微気象センサなどを搭載し，飛行性能や運用方法とともに，取得したデータに作物・土壌計量アルゴリズムを適用して診断マップを生成した事例を紹介します．

### ●●●使用機材

ドローン本体は千葉大の自律制御システム研究所が開発した純国産ドローン機体 (MS-06L) で，多様な機能・形状のセンサ類を高い自由度で搭載可能な筐体を接合したモデル機体を用いています．本体は約3kg，ペイロード約6kgで，画像計測にはマルチスペクトル画像センサ，ハイパースペクトル画像センサ，熱赤外画像センサ，およびハイビジョンカメラを主に使用しています．これによって，画像データとしては，可視動画，マルチバンドの分光画像，ハイパースペクトル画像，熱赤外画像が取得できます．

### ●●●観測方法

観測飛行は経路計画に基づく自律飛行で，機体がGPSを常時参照することで設定した位置が精度よく保持されます（図2.7）．実際の圃場の観測では，地上高度約80〜100m，1飛行約10分で2〜3ha程度を安定的に観測できます．この場合，画像重複率は40%以上で，取得される画像の地上解像度は約5〜20cmとなります（高度とセンサの画角によって決まる）．大規模営農圃場での実験では，光条件が安定した日中の数時間で約20ha程度の範囲が観測されています．

図2.7　ドローンにより記録された位置データから再現した自律飛行経路（地上高度100mの例）

### ●●●解析手順

1. 分光画像の場合には，バンド別の入射光を同時測定することで，地表面の分光反射

率画像を生成します．また，対象面積が広い場合には，複数の分光画像を自動的に合成（モザイク）して1枚の大きな分光画像を生成します．

2. 多数の画像のモザイクには，連続する画像内の特徴点を自動的に抽出し，重複する画像のマッチングによって合成画像を作成する画像処理を行います．

3. 画像の歪みを補正し，かつ位置情報を与える幾何補正処理を行います．
　——それにはモザイク処理の際に，GPS による位置データや地上基準点 (GCP) を与えます．あるいは，全国的に整備されている国土地理院の基盤データ（空中写真）をベースマップとして幾何補正を行い，地理座標（緯度・経度）や UTM などの標準的な全球位置情報を保持した画像を作成します．

> **Point**
> 標準的な位置情報を付与することで，汎用的な空間データとして位置データに基づく薬剤の可変散布装置での活用や，多時期データの複合的な解析など，観測データの多面的な利用性が大きく向上します．

図 2.8 にドローン搭載センサによって観測された画像を示します．左から順に，可視画像，波長別画像の合成画像および熱赤外画像（地表面温度）を示しています．

（a）可視画像

（b）近赤外・赤・青の分光画像の合成画像

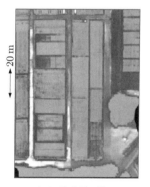
（c）熱赤外画像（地表面温度）

図 2.8　ドローン搭載センサにより観測された画像の事例（試験水田）（→カラー口絵）

4. このような分光画像データセットに，クロロフィル量や水分含有率などの必要な診断形質の評価・計量モデルを適用して，分布図を作成して診断に用います．
　——ここでは，広範なハイパースペクトル基礎データの解析によって得られた各診断形質の評価に好適なアルゴリズム・計量モデルを適用しています．

## ●●● 結果

図 2.9 は，コムギの追肥診断が必要な伸長開始期（茎立期）と出穂期の群落クロロフィル量の分布図を示したものです（色が濃いほど量が多い）．これらのデータは，追肥の必要な場所と量の判断の基礎となり，さらに位置情報に基づいて散布量を調節できる可変散布装置に利用することで，省力・省資材で品質・収量の向上を支援します．また，表面温度データは，同時計測した温湿度とともに，作物体の水ストレスレベル（0～1 のストレス指数：濃い色ほど強ストレス）を算出することで，灌漑や収量性予測などに利用できます（1.2.2 項参照）．

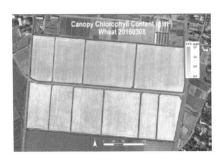 

　　　　　（a）茎立期　　　　　　　　　　　　　　（b）出穂期

図 2.9　分光画像に最適アルゴリズムを適用して生成したコムギ群落のクロロフィル量分布図
　　　　（約 8 ha，解像度 10 cm）

以上のように，ドローンリモートセンシングは知識・情報技術や自動化技術を活用して生産性や収益性を追究するいわゆるスマート農業での活用が期待されます．

### ● 2.2.2　水稲生育診断情報の生成：航空機ハイパースペクトルセンサによる水田観測（図解②参照）

#### ●●● 概要

航空機観測では，通常 1000～3000 m の高度から，マルチスペクトルセンサやハイパースペクトルセンサ，熱赤外画像センサなどを用いて，地上を観測します（1.3.3 項参照）．航空機観測においても天候は重要な条件で，航空機の飛行条件だけでなく，地上観測の際の光条件の安定性なども勘案して，観測適期をねらって観測を行います．ここでは，航空機搭載用のハイパースペクトルセンサ（CASI-3）を用いて水田を観測したデータを例に，収穫時点の玄米タンパク含有率および幼穂形成期における群落の窒素含有量の評価解析について解説します．

## (1) 収穫時点の玄米タンパク質含有率

食味品質の指標として重要な玄米タンパク質含有率を収穫前（登熟中期）に推定する手法について紹介します．

### ● ● ● 使用機材

CASI-3 は観測バンド数最大 288，平均バンド幅 2.2 nm，平均 SNR 480：1，ダイナミックレンジ 14 bit のものです．本観測での設定は，観測波長を 410〜1070 nm の範囲とし，波長間隔約 20 nm，半値幅約 20 nm の 34 バンドとしています．

### ● ● ● 観測方法

1. 晴天条件の日中約 2 時間に画像を取得します（この例では太陽高度は約 36°）．
   ——観測高度は約 3000 m，地上解像度は約 1.5 m，観測画角は 38°，コース間重複は約 45% とし，直下（±10°）の画像範囲から地上調査地点の平均分光反射率を算出しました．そのため，方向性反射に関する補正は省略しています．

2. 記録データをあらかじめ測定した輝度変換テーブルに基づいて分光放射輝度値に変換します．
   ——大気影響の補正は ATCOR4 により（この例では補正条件を地形モデル FLAT，大気条件 Rual，飛行高度 3000 m，ヘイズ補正なしに設定），幾何補正は航空機位置姿勢情報と地形標高モデルにより行っています．

上記のような観測によって，図 **2.10** に示すような画素ごとの反射スペクトルデータからなる 3 次元データ (spectral cube) が得られます．

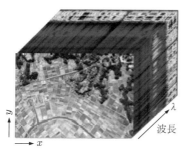

$410 < \lambda < 1070$ nm
$\Delta\lambda \sim 20$ nm
〜34 バンド

図 2.10　航空機センサによって観測されたハイパースペクトルデータ

3. 得られた 3 次元データに対して，目的とする変量（玄米タンパク含有率）の推定に最適なアルゴリズムを適用してマップを作成します．

> **Point**
> 衛星や航空機センサによる計測データから知りたい情報を推定するアルゴリズムは，地上対象の分光反射率が正確に取得されている限りにおいて，センサや距離によらず共通性があります．すなわち，2.1.1 項で解説したように，地上での反射スペクトルの解析方法と同様な方法が適用できます．また，地上での精密な計測データの解析で得られた評価アルゴリズムを，航空機データや衛星データにも適用することが可能です．

●●●結果

図 2.11 は，航空機ハイパースペクトルセンサによる登熟中期の水田の反射率データと，地上で調査された収穫時点の玄米タンパク含有率の関係を解析した結果です．図は，任意の 2 波長を組み合わせた正規化分光反射指数 NDSI $(R_i, R_j)$ による玄米タンパク含有率の推定力を示しています．最適指数 NDSI $(R_{570}, R_{970})$ の位置（矢印）と幅は，これまで植物特性の評価に多用されてきた赤と近赤外の波長帯を用いた正規化植生指数 NDVI (Landsat-NDVI) とは大きく異なることがわかります．玄米タンパク質含有率の例では，緑 (530〜580 nm) と近赤外 (700〜1050 nm) の波長帯の反射率の差を正規化した指数が有効であり，用いるセンサのもつ波長帯に合わせて最適な波長が選定できることがわかります．

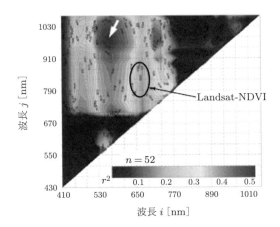

図 2.11 航空機ハイパースペクトルデータによる 2 波長反射率を用いた一般化正規化分光指数 NDSI の玄米タンパク推定力 ($r^2$) の分布図

(2) 幼穂形成期における群落窒素含有量の評価

つぎに，水稲の重要な施肥診断時期である幼穂形成期に，群落窒素含有量を評価するために行った事例を紹介します．

### ●●● 観測手順

1. 先ほどの例と同様にして，航空機ハイパースペクトルデータを取得します．
2. 得られた3次元データを用いて，2波長の一次微分値を用いた正規化分光反射指数 RSI $(D_i, D_j)$ を求め，最適な波長を選定します．

### ●●● 結果

図 **2.12**(a) により，最適な分光指数 RSI $(D_{740}, D_{522})$ が得られました（図中の矢印）．これを航空機ハイパースペクトルデータに適用することで，水稲群落の窒素含有量を広域的に全筆一挙にマッピングすることができます（**図解②**参照）．

推定結果の再現性と妥当性は，地上で実測されたデータによって検証されています（図 (b)）．

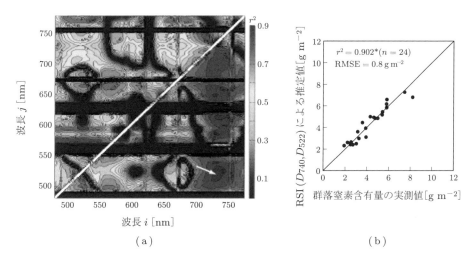

図 2.12　航空機ハイパースペクトルデータによる 2 波長反射率微分値を用いた一般化正規化分光指数 RSI の水稲群落窒素量推定力 ($r^2$) の分布図 (a) と，その地上データによる検証結果 (b)

これらの結果は，ハイパースペクトルデータに基づいた解析結果により，目的とする診断形質に対応して最適なアルゴリズムと計量モデルを求めることができることを示しています．このようなアプローチは，基本的に任意のセンサに適用できます．したがって，現在利用できる各種仕様のマルチスペクトルセンサ，ハイパースペクトルセンサに適用できるだけでなく，過去データや将来のセンサについてもそれぞれの波

## ● 2.2.3　水稲作付地の抽出：航空機 SAR

### ● ● ● 概要

波長が違う，つまり透過性の異なる複数のマイクロ波で水田を観測することによって，水稲を透過するデータと透過しない状態のデータを得ることができ，1 回の観測で水稲作付面積が把握できます．ここでは，航空機 SAR を用いて観測した事例を紹介します．

### ● ● ● 対象地域

対象地は岡山県児島湾干拓地であり，水路や道路が整然と並ぶ水田地帯です．水田以外にはハス田，野菜のビニールハウスなどがあります．対象地では，12 月から 5 月まではムギの栽培をしている農地が多く，6 月初旬に灌漑用水が通じて 6 月中旬から下旬にかけて田植えが行われます．9 月中旬が出穂期であり，10 月中下旬に収穫期となります．

### ● ● ● 使用したデータ

多波長・多偏波データとして，情報通信研究機構 (NICT) と JAXA が共同開発・運用している航空機 SAR である Pi-SAR のデータを用いました．Pi-SAR は，L，X（波長 L: 23.4 cm，X:3.14 cm）バンド 4 偏波データの同時取得ができます．解析に使用した Pi-SAR データは，1999 年 7 月 13 日に取得されました．観測日は，水稲の移植から約 1 か月が経過しており，水稲は草丈が 20〜40 cm となっていました．

### ● ● ● 解析方法

1. 波長が長いため水稲群落を透過しやすい L バンドの画像を用い，閾値を設けて湛水域を抽出します．
    - その際，もっとも群落を透過しやすい HH 偏波画像を用います．これは茎葉が立っている構造のため，HH 偏波がもっとも群落を透過し，下の水面で鏡面反射を起こしやすいからです．閾値は P-tile 法にて決定しました．

2. 波長が短いため水稲群落を透過しにくい X バンドの画像を用い，この時期になっても水田状態に近いと判別される水田（調整水田）を抽出します．
    - X バンドの画像は生長した水稲群落に反応をしており，調整水田として作付されていない水域部分とのコントラストがもっとも高い VV 偏波を採用します．

3. 偏波データ解析をすることにより，ブラッグ散乱[†1]圃場を抽出して修正を加えます[†2]．
   —— L バンドを用いることにより，ブラッグ散乱の問題が発生し，湛水域が少なく抽出されてしまいます．ここでは，それを修正します．

4. ブラッグ散乱による誤抽出の補正を施した L バンドより求めた水稲作付地と調整水田などの水域を含んだ湛水域から，X バンドの調整水田や水域のみを抽出した湛水域を差し引くことにより，1 時期の多重波長・多重偏波画像から水稲作付地を抽出できます．

• • • 結果

Pi-SAR のキーとなる波長・偏波の組合せを RGB に割り振ったカラー合成画像を図 2.13 に，結果を図 2.14 に示しました．Pi-SAR データより水稲作付面積を計測することができたので，その精度検証を行いました．Pi-SAR の観測範囲は狭く，統計データと比較するようなことはできないため，精度の検証に同じ年に観測された Landsat および RADARSAT 画像を用いました．その結果，対象圃場すべての場合には 92.6%，6 a 以上の圃場のみという条件付きなら 98.6% という精度が得られました．

図 2.13　Pi-SAR 画像 (1999/07/13, R : G : B = L_VV : X_VV : L_HH)
ⓒJAXA/NICT　(→カラー口絵)

---

[†1] ブラッグ散乱とは，マイクロ波の波長と散乱面の構造（この例ではイネの株間）が特定の関係（共鳴条件）になる際に，後方散乱が増幅される現象です．
[†2] 具体的には，参考文献 [33] の 3 成分分解解析の Even 成分を使い，Even 成分画像に閾値を決定し 2 値化した後，スペックルノイズによる小さなゴミをフィルタによって取り除きました．さらに，誤分類を少なくするために，3 成分分解解析の結果から抽出されたブラッグ散乱圃場候補に対して，VV 偏波と HH 偏波の比が 2 倍以下の場所を除くことでブラッグ散乱圃場を確定しました．

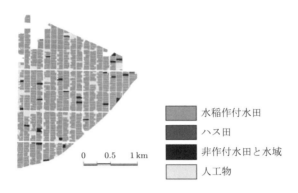

| | |
|---|---|
| | 水稲作付水田 |
| | ハス田 |
| | 非作付水田と水域 |
| | 人工物 |

図 2.14 水稲作付地の抽出結果（→カラー口絵）

> ###  コラム⑥ コーナーリフレクタ ワズ ストールン
>
> SAR は白黒のザラザラした画像のため，正確な位置の特定が難しいことがあります．そこで，目標として（本当は後方散乱断面積の評価などにも利用するのですが）コーナーリフレクタ (CR) というものを設置することがあります．タイのバンコクで CR を設置した実験を行ったときのことです．ある時期の観測データから CR が見えなくなってしまいました．設置した角度が悪くなったのかと思い，タイの共同研究者へメールをしたところ，「CR が盗まれた！」という返事が返ってきました．コンピュータなどと違い，CR は単なる金属板ですので盗まれることはないだろうと思っていたのですが...．甘かったです．その後，日本でも側溝やマンホールの蓋，半鐘などの盗難事件が発生するようになり，なるほど金属の値段が上がっているのかと納得しました．
>
>

## 2.3 衛星観測

衛星は地上数百 km～数千 km の高度で地球を周回しており，さまざまな波長領域のセンサで地表面を観測しています（1.3 節で詳述）．そのため，航空機などのほかのプラットフォームでは不可能な数百～数千 km$^2$ レベルの広域を観測する場合にとくに好適です．本節では，解像度，観測頻度および波長領域の異なる各種衛星センサを用

いた観測方法について事例を用いて紹介します．なお，衛星センサの場合，地上解像度によって，～10 m レベルを高解像度（例：WorldView-2），10 m～数十 m レベルを中解像度（例：Landsat-8），それ以上を低解像度（例：MODIS）とよんでいます．また，多くの衛星は同一地点の観測周期は数日～数週間ですが，毎日1回～数回観測できるものを高頻度観測衛星（例：MODIS）とよんでいます．

### ● 2.3.1　作物生育情報の評価：高解像度光学衛星センサ

近年，地上解像度が 0.5 m～10 m 程度の光学衛星が多数利用できるようになっており（1.3.4 項参照），国内本州以南の比較的狭小な圃場区画でも十分利用に耐える段階に至っています．2018 年現在で，パンクロ（白黒）画像では 30 cm（マルチスペクトルでは 1.2 m）程度の解像度の画像を誰でも購入することが可能になっています．

また，同一あるいは類似の仕様をもつ多数（数十～数百個）の衛星センサを打ち上げて，高解像度・高頻度の地上観測を実現させる運用方法（コンステレーションとよばれる）が各国で構想されています．これによって，光学衛星を農業生産管理に応用する際にもっとも重要な制約となっていた適期観測確率のさらなる向上が期待されます．

センサの波長数は，青・緑・赤・近赤外の 4 バンド仕様が多くのセンサに共通ですが，一部のセンサではこれら 4 バンドを含め可視～近赤外領域に 5～8 バンドを有するものや，さらには可視～短波長赤外域に 16 バンドを有するセンサも利用可能になっています．これは，従来多くの目的に多用されてきた NDVI（赤と近赤外バンドを使用する正規化植生指数）の限界を超えて，目的に応じてより適切な波長を利用することが可能になりつつあることを意味します．

作物生産場面での診断や意思決定にとって，計測信号データから実際の作物・土壌の特性情報に変換することが不可欠ですが，前節までに解説したように，ハイパースペクトルデータの解析などに基づいて，作物・土壌の診断情報を計量する一般化分光指数法などの有望な評価アルゴリズム・計量モデルが提示されています．これらのアルゴリズムは，群落クロロフィル量，群落窒素量，玄米タンパク質含有量，収穫適期，土壌肥沃度など，多くの作物・土壌情報の遠隔推定に有効で，かつ地上から衛星までのさまざまな仕様のセンサに適用することが可能です．

ここでは，高解像度光学衛星センサ（可視～近赤外）をコムギと水稲の生育診断に応用した事例に沿って，データ取得と解析，診断情報のマッピングの方法を解説します．

### (1) 水稲の幼穂形成期における施肥診断マップ

#### ●●● 概要

近年，水稲生産では省力化と高品質化が強く志向されていることを背景に，基肥の

みで追肥をしない栽培体系も普及しています．コメの品質は，一般に食味と外観品質によって評価されています．食味については玄米のタンパク質含有量が低いほど食味が良い傾向があることから，登熟期の植物体窒素含有率を抑える施肥管理が行われます．しかし，これは減収につながることが多く，良食味確保（たとえば，玄米タンパク質含有率6.5%以下）と収量確保という相拮抗する要求を満たすためには，実際の生育状態に基づいて適切な追肥を行うことが望ましく，とくに幼穂形成期の生育診断が一つの重要な管理技術となります．

### ●●● 解析手順

1. 幼穂形成期（一般に出穂期の20日程度前の時期）の施肥診断のために，データの処理・伝達時間を考慮して，診断適期〜2週間前の期間をねらって衛星観測を行います．
   ——バンド数，天頂角などの観測諸元を調整して利用可能な衛星数をできるだけ多く確保し，観測確率を高める観測計画を作成します．

   > **Point**
   > 近年では，衛星観測の当日に画像データをオンラインで解析者の手元に届けることも可能になっています．目的変量に応じて計量モデルをあらかじめ準備しておくことにより，画像データの入手から大気補正・輝度補正による地上反射率画像の作成や幾何補正などの画像処理，そして診断マップ生成までは，産地規模の範囲（たとえば数百 $km^2$）であれば1日程度で終えることが可能です．

2. 診断適期に合わせて高解像度衛星（WorldView-2）による観測を実施し，取得画像に最適な評価アルゴリズム・計量モデル（2.1.2, 2.2.2項参照）を適用し，数万枚の水田の群落窒素量を一挙に推定します．
   ——WorldView-2のバンド構成（8バンド構成）に対応してレッドエッジのバンドと赤のバンドを用いて演算するアルゴリズムを使用しています．

### ●●● 結果

図 2.15 は，水稲の施肥診断時期である幼穂形成期の群落窒素含有量の広域分布を示したものです．前節までに解説したように，基本アルゴリズムは複数のデータセットで検証済みですが，当該地域での妥当性は地上の代表的な地点で同期的に調査した実測データで確認されました．この例では，衛星観測の翌日には，この診断情報が生成されました．

群落窒素の分布は衛星の画素単位（1.2 m）で算出されるため，圃場内の生育ムラも把握できますが，実際の管理は圃場ごとに行われるため，圃場区画のポリゴンを用いて圃場単位の平均値を算出します．図では，衛星画像から計量した群落窒素量データ（画素単位のラスターデータ）に圃場区画ポリゴンを重ねて表示しています．

[WV-2 20150707 山形県庄内平野]

**図 2.15** 高解像度光学衛星 WorldView-2 を用いて作成した幼穂形成期の水稲群落窒素含有量の広域分布図（→カラー口絵）
（観測期日：2015/07/07, 観測範囲：約 200 km², 表示範囲：山形県庄内平野の一部）

> **Point**
> 数百枚程度の圃場範囲であれば，GIS ソフトやフリーソフトを用いて（Part II 参照），比較的容易に圃場区画ポリゴンを作成できます．しかし，圃場数が数万枚に及ぶような産地規模では，公的機関など（例：自治体や土地改良区）が作成した圃場区画ポリゴンデータの活用が現実的です．このような GIS データは政府事業により全国的に整備されていますが，精度や更新の程度は地域によって精粗があり，かつ使用料金などの条件も自治体によって異なるため十分な確認が必要です．

このようにして得られた圃場ごとの窒素量に応じて，追肥をすべきでない（玄米タンパク質含有率や倒伏のリスクが高い圃場），必ず追肥をすべき（収量不足が見込まれる圃場），およびその中間で生育に応じて追肥量を調節する，といった処方箋が実施されます．

### (2) 水稲の収穫適期の予測マップ

●●● 概要

近年は温暖化の影響が各地で顕在化しており，水稲生産においても未熟粒や胴割米など，外観品質の劣化が懸念されています．未熟粒の発生には粒の肥大期における温度環境と体内窒素量が影響し，出穂期の追肥が未熟粒の低減化に効果があるとされています．すなわち，ここでも食味確保（玄米タンパク質含有率抑制）と外観品質確保のための窒素追肥という相抗する要求があります．そのため，このような調整を的

確に行うためには，(1) で紹介したような幼穂形成期だけでなく，出穂期の植物体窒素量診断も大切になっています．

一方，コメの等級査定に大きく影響する胴割米の発生率は，生理的成熟期（籾黄化率 90 %：収穫適期）を 1 日過ぎるごとに急速に高まることが知られています．しかし，成熟期は地域や圃場ごとのばらつきが大きいため，現状の市町村単位で積算気温を目安にした判断では，適正な刈り取り時期を大きく過ぎてから収穫される圃場が多いのが実態です．すなわち，胴割米のリスクを低減するためには，圃場ごとの収穫適期を事前に知り，収穫作業が遅れないようにすることがきわめて効果的です．

ここで紹介する青森県津軽平野での事例（参考文献 [24]）は，衛星データを用いて津軽平野全域（3000 km$^2$）で栽培されている「青天の霹靂」の収穫適期を推定したものです．

### ●●● 観測と解析手順

1. 広域の栽培地域全体をできるだけ同時期に観測するために，また，観測経費を節減するために，解像度をやや低めて 6 m (SPOT-6) で観測を実施します．

2. 水稲の登熟の中後期にはバイオマスの変化は比較的少なく，葉を含む植物体からのクロロフィルと水分の減少程度が圃場ごとに異なるため，その差異を介して，成熟期を判定することになります．
   ──この例では，成熟期と分光指数 NDSI ($R_{655}$, $R_{825}$) の関係式を用いることによって，平均誤差 2 日程度で収穫適期を推定しています．

### ●●● 結果

図 **2.16** は衛星画像から得られた収穫適期のマップを示しています．なお，前述したように，広域で個々の圃場単位の診断情報を収集してユーザーに提供するためには，圃場区画ポリゴンが広域で整備され使いやすい環境になっていることが必要です．

青森の例では，水土里ネット青森が保有する圃場区画のポリゴンデータをベースに，対象とする品種を栽培している圃場を同定し，GIS 上で一元的な管理番号を付与するなどの事前の調査やデータ整備を行っています．また，簡易な Web アプリケーションによって現場でも診断マップを閲覧できるように工夫しています．

このような農業生産への応用では，作成した診断マップを生産者や指導関係者に利用しやすい形で提供することがとくに大切です．Part II「GIS：地理情報システム」で解説するような WebGIS などを利用して，端末によらず現場で容易に情報を閲覧できる Web アプリケーションの開発が効果的です．

このようにして得られた診断マップから，地域や市町村による早晩傾向が明確に判

図 2.16　光学衛星 SPOT-6 を用いて作成した圃場ごとの水稲収穫適期の分布図
（観測期日：2015/09/16，観測範囲：青森県津軽平野全域約 3000 km²）

別できるだけでなく，近隣する圃場でも大きな差異がみられる場合があることがわかります．生産者や指導員はこのような情報を参照しつつ，圃場ごとに最適な収穫作業実施日を決定します．

### (3) コムギの茎立期の施肥診断マップ

●●● 概要

秋まきコムギ（関東）では，3 月の伸長開始時期（茎立期）までに生育量（基本栄養成長量と穂数）を確保し，その後出穂期までの期間に穂の成長を促進して粒数を確保し，登熟期には粒の肥大を促進することが管理の要点になります．また，子実のタンパク質含有率は重要な品質特性になっていて（たとえば，麺用では 9.7〜11.3％，パン用では 11.5〜14.0％が基準），コメの食味とは逆に，数値が高いほど高品質とされています．したがって，イネとは異なり，増収と高品質化に向けた施肥管理は基本的には拮抗しませんが，増収と品質向上を両立させるためには，茎立期と出穂期の施肥管理を，圃場ごとの生育状態に応じて最適化することが大切です．ここでは，高解像度光学衛星を用いて，施肥診断のための生育量の指標としてクロロフィル量の推定マップを作成した事例を紹介します．

●●● 観測と解析手順

1. 衛星は WorldView-3（8 バンド）で，地上解像度は 1.2 m で撮影します．

2. クロロフィルの評価には 2.1.1 項で解説したアルゴリズムを用い，WorldView-3 の波長仕様に合わせた計量モデルを適用します．

### ●●● 結果

図 2.17 は，大規模営農圃場（数百 ha 規模）を対象に，衛星画像を用いてコムギの茎立期の群落総クロロフィル量を算出し，その分布図を示したものです．図で緑に見える圃場がコムギ圃場で，それ以外はほぼ裸地あるいは雑草，作物残渣の残っている圃場です．

圃場内の数値は圃場平均値で，大きな圃場間差があることが明瞭ですが，個々の圃場内でもかなり空間変異があることがわかります．この時期の総クロロフィル量はコムギの光合成活性・生産性を左右する量で，緑葉量と密接な関係にあるため，地上調査したバイオマスとも密接な相関関係があることが確認されています．実際，このような大きな圃場間差は，最終収量とは非常に密接な相関関係があることが確認されており，この時期までの生育量確保の重要性と，茎立期の生育量に対応した圃場ごとの適切な施肥管理が求められます．現在，このような生育診断情報をもとに施肥量の要否や量の決定を行うための技術開発が進められています．

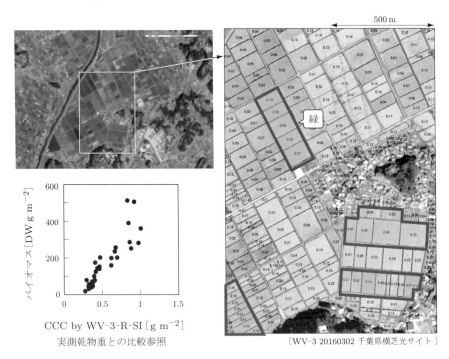

図 2.17　高解像度光学衛星 WorldView-3 を用いて作成した
茎立期のコムギ群落の総クロロフィル量の布図
（観測期日：2016/03/02，観測範囲：約 100 km$^2$，
表示範囲：千葉県横芝光町の大規模生産組合圃場数十 ha）

## ● 2.3.2 水田作付面積の広域評価：中解像度光学衛星センサ

### ●●● 概要

衛星リモートセンシングは，広域を均質に観測できるため，広い範囲の解析に適しています．ここでは，中国の水田を例に，日本全体と同じくらいの面積で水田分布図を作成する方法を説明します．

耕地面積や作物作付（収穫）面積，作物生産量のような農業統計は農業政策の基本資料ですが，必ずしも完全なデータが入手できるとは限りません．中国の黒竜江統計年鑑（黒竜江省統計局 2004）は省の直下の行政区画である地級市の統計値に国営農場の水田面積が含まれていません（**表2.1**の左2列）．そこで，地級市内の実際の耕地面積や作付面積を知るためには，リモートセンシング技術が必要になります．

表2.1 黒竜江省内の地級市別水田面積統計値と推定値

| 地級市と国営農場 | 2000年統計値 [km$^2$] | 2000年頃推定値 [km$^2$] |
|---|---|---|
| 哈爾浜 | 2556 | 3929 |
| 斉斉哈爾 | 945 | 1054 |
| 鶏西 | 762 | 2737 |
| 鶴崗 | 335 | 1093 |
| 双鴨山 | 326 | 1796 |
| 大慶 | 532 | 361 |
| 伊春 | 184 | 291 |
| 佳木斯 | 1417 | 4496 |
| 七台河 | 131 | 150 |
| 牡丹江 | 309 | 502 |
| 黒河 | 110 | 250 |
| 綏化 | 1684 | 2756 |
| 大興安嶺 | 0 | 0 |
| 国営農場 | 6766 | − |
| 黒竜江省合計 | 16057 | 19415 |

### ●●● 対象地域

解析する場所は，中国黒竜江省です．黒竜江省は，中国東北部の一地方ですが，面積は日本とほぼ同じです．

ここの水田分布図をLandsat TM/ETM+データを用いて作成しようとすると，42シーンの画像が必要になります（**図2.18**）．

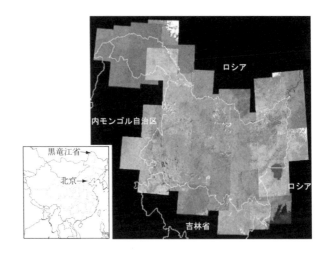

図 2.18 2000 年頃の Landsat TM/ETM+ データでカバーした中国黒竜江省の疑似カラー画像．中間赤外波長（バンド 5）・近赤外波長（バンド 4）・赤波長（バンド 3）を赤 (R)・緑 (G)・青 (B) に割り当ててあるので，植生が緑色，裸地が桃色，湛水した場所が濃青色になっている．（→カラー口絵）

---

**Point**

Landsat TM/ETM+/OLI-TIRS データでは，観測幅が 185 km で軌道方向も 185 km ですから，ALOS AVNIR-2 や SPOT HRG のデータに比べて広い範囲をカバーし，関東平野が収まるくらいの範囲が解析の基本となります（図 **2.19**）．

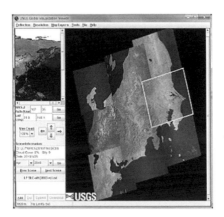

図 2.19 Landsat TM/ETM+/OLI-TIRS データのカバー範囲
(Glovis (http://glovis.usgs.gov/) の画面)

---

この 3 バンドのデータは投影法がランベルト正積方位図法 (Lambert azimuthal equal-area projection)，準拠楕円体は世界測地系 1984 (WGS84: World Geodetic System 1984)，画素サイズは 30 m で，5.5 TB の大きさになります．仮に，NOAA

AVHRR（画素サイズ 8 km）を使うと，同じ範囲でも 1 バンドあたり 31 KB の大きさです．

> **Point**
> どのくらいの空間解像度の結果が求められているのか，コンピュータの処理能力や記憶容量などを勘案してどのデータを使うか，解析前に決めておく必要があります．

なお，天候などの影響により，必要とする画像データが必ず手に入るとは限りません．その場合は，別の年の同じ時期の画像を用いたり，やむを得ず別の時期の画像を用いたりしなければならない場合もあります．図 2.18 の説明に「2000 年頃」とあるのは，同じ年の同じ時期（田植え～田植え後 1 か月：6 月上旬～7 月上旬）の雲なしデータがなく，2000～2002 年のデータを集めたためです．それでも完全に同じ時期のデータを揃えることができず，8 月や 9 月のデータを使わざるを得ない場所もあります．

### ●●● 解析手順

解析の流れを図 2.20 に示します．

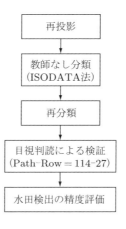

図 2.20 解析の流れ

1. 教師なし分類

    まず土地利用・被覆分類をするわけですが，全体を一度に分類することはできません．なぜなら，各シーンの観測日がばらばらなので，同じ植生でもフェノロジーが異なるからです．そこで，同じパス（軌道）で同じ観測日のシーンはまとめて，それ以外はシーンごとに分類します．

    ——分類法としては，教師なし分類の一種のクラスタ分類法（ISODATA 法）を用いて，分光反射特性に基いてクラス分けします．

分類クラスを同定した後，水田（湛水状態，作物有），畑地（裸地，作物有），裸地，草地，林地，湿地，水域，市街地，雲，影にまとめます．

2. 再分類

明らかな誤分類の水田が含まれているシーンは，画像処理または再分類を行って誤分類を減らします．

3. 検証

分類精度は，デジタル分類結果と目視判読結果の比較によってシーンごとに検証します．

——全体の 80% は，シーンごとに乱数を発生させて得た座標のデジタル分類結果と疑似カラー画像目視判読結果を比較しました．残りの 20% は，水田に分類された画素と目視判読結果の比較，および目視で水田と判読した画素と分類結果の比較を行いました．目視判読で水田か否か判断が困難な場合は，Google Earth 画像を参考にしました．

主に，田植えから田植え後 1 か月のデータを用いたので，水田は湛水状態になっており，浅い湖沼や河川と区別がつかないところもあります．山陰の暗い部分と水域や湛水された水田も同じクラスになっていることがあります．また，この時期の畑地は，冬コムギがあれば植生で覆われていますが，夏作物（春コムギやトウモロコシ，ダイズ，ヒマワリなど）の場合は裸地に近い状態です．異なる時期のシーンが隣り合っている場合は，シーンのつなぎ目で植被の有無が違い，別のクラスになっていることがあります．落葉樹林では，展葉前のデータは地表面の状態を反映しており，草地と区別しにくいことがあります．また，標高の高い地点と低い地点，北部と南部では，同じ時期でもフェノロジーが違うことから，異なるクラスに分類されることがあります．目視判読では，田植え直後の時期の湛水された，または，イネ生育期間中の植被のある湿った四角張った区画は水田と判定しました．イネ生育期間中の植被のある湿った四角張っていない区画は，道路が通っているか，畑に隣接しているか，現在（Google Earth 画像で）水田として使われているかのどれかの条件を満たしていれば水田と判定し，それ以外は水域または湿地と判定しました．なお，目視判読の精度を調べたところ 95.4%（誤差は 4.6%）でした．

### ●●●結果

黒竜江省全体では，サンプリング地点のうちデジタル分類または目視判読で水田と判定された画素の合計は 716 でした．そのうち，デジタル分類で水田となった画素は 688，目視判読で水田と判定された画素は 675 でした．両者の分類が一致した画素は 647（90.4%）で，これを分類精度としました（**表 2.2**）．サンプリング地点のうち，デジタル分類で水田と誤分類したものは 41 画素（5.7%），逆に，水田を別の土地利用・被覆に誤分類したものは 28 画素（3.9%）でした．目視判読の誤差（4.6%）を考慮すると，分類精度は 86.2～94.6% と推定されました．

TM/ETM+ データから推定した水田分布図を **図 2.21** に示します．黒竜江省の推定水田面積は $19.4 \times 10^3$ km$^2$ で，2000 年の統計面積より 20.9% 多く推定されました．

表 2.2 デジタル分類と目視判読の水田検出結果と両者の一致画素数（括弧内は%）

|  |  | 目視判読 | | |
| --- | --- | --- | --- | --- |
|  |  | 水田 | その他 | 合計 |
| デジタル分類 | 水田 | 647 (90.4) | 41 (5.7) | 688 (96.1) |
| | その他 | 28 (3.9) | ― | 28 (3.9) |
| | 合計 | 675 (94.3) | 41 (5.7) | 716 (100) |

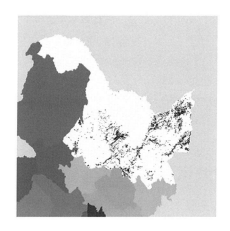

図 2.21 2000 年頃の水田分布．白抜き部分が黒竜江省で，黒い点が水田を表す．灰色グラデーションは，内モンゴル自治区，吉林省，遼寧省の地級界を表す．

地級市の水田面積推定値と統計値との比較を**表 2.1** に示しました．国営農場にまとめて計上されていた水田面積が各地級市に分配され，地級市ごとの水田面積を知ることができるようになりました．

### ● 2.3.3 作物フェノロジー把握：高頻度観測衛星センサデータ
● ● ● 概要

　雲一つない理想的な条件下で撮影された 1 枚の衛星画像があるとします．画像内で，同じ品種のトウモロコシを栽培した圃場 A と B があり，それぞれの植生指数を比較したところ，圃場 A の植生指数ほうが圃場 B よりも大きかったとします．この場合，「圃場 A のトウモロコシのほうが圃場 B よりも育ちがよい（より豊作になる）」といえるでしょうか？　答えは，「必ずしもそうとはいえない」です．なぜなら，1 枚の衛星画像からは，圃場 A と圃場 B のトウモロコシ播種時期が同じであるということを確認できないからです．もし圃場 A の播種日が圃場 B より 2 週間早かったならば，植

生指数の差は，2週間の生育進度の差を反映しているにすぎません．このように，衛星画像を用いて作物生育の圃場間比較を行うには，圃場ごとの作物の**フェノロジー情報**（開花日，登熟日といった特定の生育ステージの発現日）を事前に把握し，生育ステージの差を考慮したうえで植生指数を比較しなければなりません．本項では，衛星リモートセンシングによる作況診断に不可欠なフェノロジー情報を，高頻度観測衛星センサ（MODIS）から推定することを目的に開発された **SMF** (shape model fitting) 法とその応用事例について紹介します．

　従来の植物フェノロジー把握手法は，時系列植生指数の局所的な変化特徴点（極大値・変曲点など）を田植日，出穂日などとして推定するのですが，雲被覆などを原因とするノイズ成分に影響されやすいという欠点がありました．SMF 法は，同様に時系列植生指数を使うのですが，作物種ごとにあらかじめ定義された季節変化パターンモデルを，観測値に当てはまるように幾何学的に変形させ，その過程で得られたパラメータから任意の生育ステージを同定します．

● ● ● 対象地域

　米国ネブラスカ大学リンカーン校の試験圃場データを対象に，SMF 法を用いたトウモロコシとダイズの生育フェノロジーの把握を試みます．

(1)　生育フェノロジーの把握

　トウモロコシについては V2.5（葉齢 2～3），R1（絹糸抽出期），R5（黄熟期），R6（成熟期）の，ダイズについては V1（葉齢 1），R5（子実肥大初期），R6（子実肥大期），R7（黄葉期または成熟初期）の発現日を推定します．

● ● ● 使用データ

　**MODIS**（moderate resolution imaging spectroradiometer：中分解能撮像分光放射計）は，米国航空宇宙局（NASA）によって開発された地球観測を目的とした光学衛星センサです．2021 年現在でも，1999 年に打ち上げられた Terra (EOS AM) と 2002 年に打ち上げられた Aqua (EOS PM) に搭載されたもの，計 2 台が毎日観測を続けています．観測バンド数は，可視～赤外領域（0.4～14.4 μm）に 36 種類あり，空間解像度は観測バンドによって異なります．回転スキャンミラーによる MODIS の観測幅は 2330 km と広く，同一地点をほぼ毎日観測することができます．ただし，観測角度の違い（±55°）によって画素ごとの地上分解能が異なるため，衛星軌道直下（観測角 0°）にある画素の地上分解能がもっとも高く，観測角度が大きくなるにつれ地上分解能が粗くなることに注意しなければなりません．

> **Point**
> MODISデータは,NASAの専用Webサイトにおいて,大気補正・幾何補正がすでになされた標準プロダクトが無償公開されており,誰でも自由にダウンロードして使うことができます.MODISプロダクトで採用されている地図投影法は,"Sinusoidal projection"という緯度に応じて経度方向の情報を圧縮する一般になじみの薄い投影法ですが,たいていのリモートセンシング解析ソフトまたは無料変換ツール(HDF-EOS to GeoTIFF conversion tool)を用いることで,正距円筒図法などの一般的な投影法に変換することができます.

●●●解析手法

1. 複数年のMODIS時系列データを平滑化・多年時平均処理することで,図 **2.22** のようなトウモロコシとダイズのShape Model(植生指数の時系列変化パターン)を得ます.

$$\text{WDRVI} = h(x), \qquad x = \text{DOY} \tag{2.6}$$

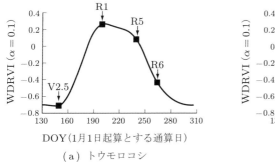
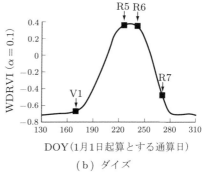

(a) トウモロコシ  　　　　　(b) ダイズ

図 2.22 時系列WDRVIデータを平滑化・複数年平均処理することで作成したShape Model. ■の位置は,生育ステージの発現日.

2. このShape Modelを式 (2.7) により拡大/縮小,平行移動させ,観測値とうまく一致させることのできる変形パラメータ (*xscale, yscale, tshift*) の最適値を探索します.

$$h'(x) = yscale \times h(xscale \times (x + tshift) + 0.8) - 0.8 \tag{2.7}$$

3. 得られたパラメータを式 (2.8) に代入することで,生育ステージの発現日 ($X_{est}$) を推定します.

$$X_{est} = yscale \times (x_0 + tshift) \tag{2.8}$$

——$h(x)$, $h'(x)$ はそれぞれもとの Shape Model と幾何学的に拡大縮小された ShapeModel です. $xscale$, $tshift$ は Shape Model を時間軸方向に拡大／縮小, 平行移動させるパラメータ, $yscale$ は Shape Model を $y$ 軸方向に拡大／縮小させるためのパラメータです. $x_0$ は目的とする生育ステージの Shape Model 上の発現日 (DOY) で, トウモロコシの絹糸抽出期 (R1) ならば $x_0 = 200$ となります (図 **2.22**).

このプロセスでは, 時系列植生指数の示す季節的なパターンの大きさや位置関係を Shape Model の幾何学変換を通じて把握し, もとの Shape Model 上における生育ステージのポイントが, 変形後の Shape Model のどの部分に移動したのかを調べています.

次式の **WDRVI** (wide dynamic range vegetation index)[†1]は, NDVI の計算式とよく似ていますが, 近赤外の反射率に重み係数 $\alpha$ を掛けています.

$$\mathrm{WDRVI} = \frac{(\alpha \times R_{\mathrm{NIR}} - R_{\mathrm{RED}})}{(\alpha \times R_{\mathrm{NIR}} + R_{\mathrm{RED}})} \tag{2.9}$$

——ここで, $R_{\mathrm{NIR}}$ と $R_{\mathrm{RED}}$ はそれぞれ近赤外と赤の反射率, $\alpha = 0.1$ です.

### ●●●結果

2003〜2008 年にかけての圃場観測により記録された, 各生育ステージの発現日と MODIS データによる推定日を 1 対 1 で比較した結果, トウモロコシについては各生育ステージを 2.4〜7.4 日の 2 乗平均平方根誤差 (RMSE) で, ダイズについては 3.0〜7.0 日の誤差で推定できることがわかりました. 本手法をネブラスカ州東部に広域展開し, 同地域を三つに区分する農業統計境界域ごとに各生育ステージ推定日の中央値と USDA (米国農務省) の農業統計データと比較した場合でも, トウモロコシについては 1.6〜5.6 日の誤差で, ダイズについては 2.5〜5.3 日の誤差で推定できることが確認されています. さらに, トウモロコシについては, 2000〜2011 年の全米を対象に州レベルで農業統計データを用いた検証を行い, 対象スケールを大きくしても各生育ステージを 6.3〜7.6 日の誤差で推定できることを確認しました.

SMF 法による作物フェノロジーマップにより, 農業統計データの集計単位からは判読することのできない作物生育ステージの時空間分布の特徴を詳細に捉えるとともに (図 **2.23**), その年々変動を精度良く推定することができました (図 **2.24**).

### (2) SMF 法の応用：総一次生産量 (GPP) の時系列推定

総一次生産量 (GPP) は, 光合成によって生産された有機物量を指し, 植物がどの

---

[†1] NDVI は, 植被覆率の増加とともにその値も増加していきますが, 葉面積指数 LAI が 2 以上になった頃から高止まり (飽和) し, 中〜高バイオマスの植物体に対する感度が低くなってしまう問題があります. そこで, NDVI の計算式に改良を加え, 近赤外の反射率に重み $\alpha$ を掛けることで, LAI が 2 以上になっても感度を有し続ける「広ダイナミックレンジ植生指数：WDRVI」が考案されました. トウモロコシの LAI は, WDRVI ($\alpha = 0.1$) によって線形近似することができ, 高い相関関係 ($r^2 = 0.93$) を有していることが示されています.

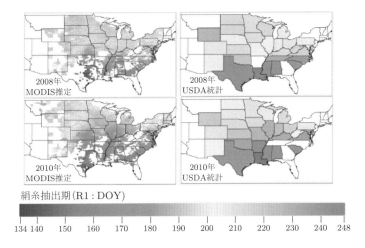

**図 2.23** MODIS データによるトウモロコシ絹糸抽出期の推定値と USDA の統計値（州レベルの中央値）の比較（→カラー口絵）

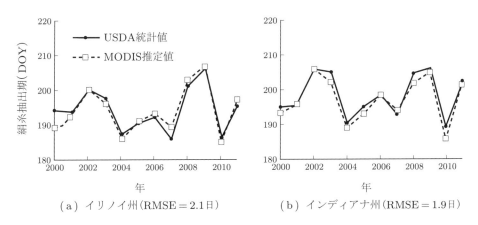

**図 2.24** イリノイ州，インディアナ州におけるトウモロコシ絹糸抽出期の推定値と USDA 統計値との多年次比較

くらい光合成を活発に行ったのかを評価する際に用いられる物理量（単位：$gC/m^2$）です．光合成産物が，どの器官にどれくらい分配されていくかは，植物の生長にともなって常に変化していきます．したがって，炭素同化という視点で作物生育の時間的変化を解析する上で GPP の時系列変化を推定することが重要であるため，リモートセンシングデータを用いることで推定可能か調べました．

### ● ● ● 解析手順

GPP 推定には，一般的な光利用効率モデル

$$\mathrm{GPP} = \varepsilon \times f_{\mathrm{PAR}} \times \mathrm{PAR} \tag{2.10}$$

をベースとし，光合成有効放射吸収率 $f_{\mathrm{PAR}}$ の代わりに SMF 法による平滑化植生指数 (WDRVI) を，光合成有効放射 (PAR) の代わりに再解析データプロダクト (NLDAS-2) の短波長放射 (SW) を説明変数として使います．
——ここで，$\varepsilon$ は光利用効率です．

### ●●● 結果

トウモロコシを対象に，$CO_2$ フラックス観測タワーで観測された GPP データと WDRVI，SW，および両者の積：SW*WDRVI を時系列比較した結果を図 **2.25** に示します．

栄養生長期 (vegetative stage) において，GPP と WDRVI は，S 字カーブ状に増加する点で一致していますが，生殖成長期 (reproductive stage) になると，両者のギャップが徐々に広がっていくことがわかります（図 (a)）．そして，SW と WDRVI の積 (SW*WDRVI) を使うことで（図 (b)），天候に依存した日射量の短期変動成分や日長変化による長期変動成分が加わり，WDRVI と GPP の間にあったギャップが劇的に解消されました．

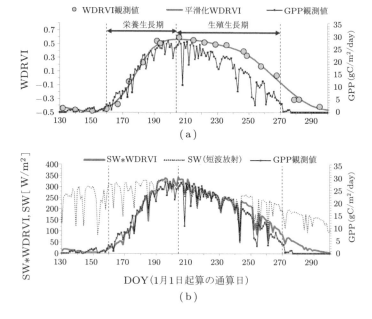

図 2.25　$CO_2$ フラックス観測によるトウモロコシの GPP 時系列変化データと，衛星リモートセンシング観測および短波放射量推定値による各種指標との比較

しかし，DOY:240 以降については，SW*WDRVI と GPP の間であってもギャップを完全に解消できておらず，これは，WDRVI では生殖生長期後半における群落クロロフィル量の低下（光利用効率の低下）を十分に説明できていないためと考えられました．この残ったギャップを解消する手段として，SMF 法で推定された絹糸抽出期（R1）を基準日とし，時系列データセットを栄養生長期と生殖生長期の 2 期間に分けて GPP の推定モデル式を較正することで推定精度を向上させることができました．

これらの方法を用いることで，$CO_2$ フラックス観測タワーを使わなくても，栽培年や灌漑の有無によって特徴的な応答を示す光合成量の日々変化を把握することが可能になりました（図 2.26）．

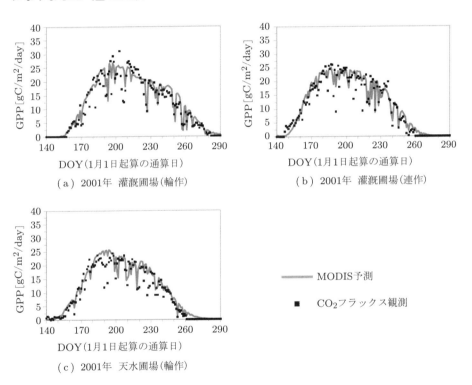

図 2.26　MODIS データと短波長放射量推定値から予測したトウモロコシ GPP と $CO_2$ フラックス観測による GPP の比較

ここで紹介した応用事例のほかに，SMF 法はトウモロコシ作付分布図の把握やトウモロコシ単位収量の準リアルタイム予測手法にも活用されています（次項参照）．

## 2.3.4 米国産トウモロコシの作況予測：MODIS データ

### 概要

日本の畜産経営コストに占める飼料費の割合はきわめて高く，その配合飼料の原料の約 45% を占めるトウモロコシは，海外からの輸入にほぼ 100% 依存しています．日本の輸入トウモロコシのうち約 70% は米国において生産されたものです．天候に大きく依存した米国産トウモロコシの生産量変動は，トウモロコシの国際価格と直結し，ひいては配合飼料価格の変動を通じて，日本の畜産農家の経営収支に大きな影響を及ぼしています．本項では，米国農務省 (USDA) の作況予測レポートの公表日よりも早く作況予測を行うことのできる，高頻度観測衛星データを用いた米国産トウモロコシ単位収量の準リアルタイム予測技術について紹介します．

### 解析手法

米国では連作障害を避けるためトウモロコシ・ダイズ輪作体系が広く行われており，年ごとにトウモロコシの作付される圃場が変わります．USDA 農業統計局は，Landsat 画像から作成した作物マップ (Cropland Data Layers) を毎年公表していますが，その公表日が収穫後の翌年 2 月頃になるため，トウモロコシ作況予測には利用できません．そこで，「トウモロコシの作付時期がダイズよりも 1 週間以上早いこと」に着目し，SMF 法による推定発芽日の早い圃場をトウモロコシ，遅いものをダイズとして分類することで，トウモロコシ作付圃場の早期分類マップを作成します．

分類には，過去の農業統計データや Cropland Data Layers から作成された補助データが必要であり，都市部・牧草地など，トウモロコシ・ダイズ圃場以外の領域を解析対象外とするマスク処理や，郡レベルのトウモロコシ・ダイズ作付面積割合（複数年平均）の決定に利用されています．

### 解析手順

1. トウモロコシ単位収量を予測することのできる指標値を見つけるために，米国ネブラスカ大学リンカーン校の試験圃場における 2003～2011 年のトウモロコシ生育調査データを用いた基礎的な調査を行います．
   ——その結果，絹糸抽出期 (R1) の 10 日前の植生指数 (WDRVI) と単位収量（子実重）とに高い相関関係があることがわかりました．統計情報を用いた同様の調査においても，絹糸抽出期 (R1) の 7 日前の植生指数 (WDRVI) と高い相関関係があることがわかりました．

2. 郡別単位収量の統計データとの比較から，次式のような予測式を得ます．

$$\text{「トウモロコシ単位収量」[t/ha]} = 14.925 \times \text{「絹糸抽出期 7 日前の WDRVI}(\alpha = 0.1)\text{」} + 7.6498 \quad (2.11)$$

―― 上式を用いることで，米国産トウモロコシ単位収量の良否は，絹糸抽出期 (R1) までの栄養生長期間における同化器官の生長量に依存しており，収穫期の約 3 か月前という十分早いタイミングで単位収量を予測することが可能になります．

3. 前項で紹介したトウモロコシ生育ステージ把握手法（SMF 法）と，本項で説明したトウモロコシ作付圃場の早期把握技術を組み合わせることで，トウモロコシ単位収量の広域予測が可能になります[†1]．

•••結果

USDA は，毎年 8 月 12 日前後に，その年の州別の作況予測結果を公表します．USDA の予測公表よりも早いタイミングで，MODIS データを用いた予測結果を得るには，

① NASA の Web サイト上で MODIS 8 日間コンポジットデータが公開されるまでの待ち時間
② SMF 法の計算に要する時間

を合わせて 7 日間必要と仮定して，7 月 27 日 (DOY:208) までの MODIS 観測データを使用しなければなりません．この場合，USDA よりも 1 週間以上早い，8 月 3 日頃に米国産トウモロコシ単位収量の予測マップが得られることになります．

図 2.27 は，8 月 3 日時点と 9 月 20 日時点での予測シミレーション結果で，郡別の統計データと比較したものです．図 2.28 は，2002～2012 年の郡別予測単位収量および統計値をそれぞれ複数年平均処理し，その平年値に対する比率を色づけすることにより，豊作（平年よりも +20 ％以上）・不作（平年よりも −20 ％以下）地域がどのような分布をしていたのかをわかりやすく表示したものです．

予測を行うタイミングが遅くなればなるほど，予測精度が改善していく傾向にあります．図 2.27，2.28 より，トウモロコシ単位収量の全米平均値を基準として，その年の豊作・不作を判断する場合には，9 月 20 日頃まで結論を出すのを待ったほうがよいと考えられます．ただし，やや精度の悪い 8 月 3 日時点の予測結果であっても，その年の豊作・不作地域の大まかな分布と特徴をよく捉えられていることがわかります．たとえば，2004 年についていえば，ネブラスカ州からアラバマ州を経て東海岸に弧を描くように豊作地帯が広がっていることや，ウィスコンシン州では不作であることを予測できていました．全国的に不作の年であった 2002 年と 2012 年についていえば，

---

[†1] 式 (2.11) による推定単位収量は，ネブラスカ州西部などの灌漑地域において過小評価される傾向にあり，コーンベルトから少し外れた地域では逆に過大評価されることがわかっています（文献 [30]）．これらのギャップは，MODIS の低い地上分解能 (250 m) に起因するバイアス誤差によるものと考え，2008～2011 年の統計データとの比較から求められた誤差平均値を用いたバイアス補正を行うことで対応しています．

72　第2章　リモートセンシングデータの利用事例

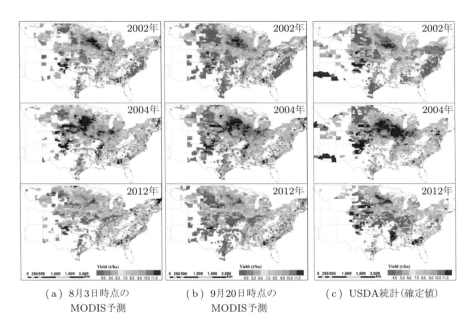

(a) 8月3日時点の　　(b) 9月20日時点の　　(c) USDA統計（確定値）
　　MODIS予測　　　　　　MODIS予測

図2.27　MODISデータによるトウモロコシ単位収量の早期予測結果(a), (b)と
USDA発表の郡別統計データ(c)との比較（→カラー口絵）

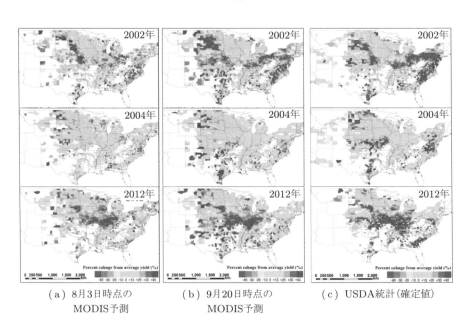

(a) 8月3日時点の　　(b) 9月20日時点の　　(c) USDA統計（確定値）
　　MODIS予測　　　　　　MODIS予測

図2.28　MODISデータによるトウモロコシ単位収量の豊作・不作予測マップと
UADA統計データの比較（単位収量の対平年値比率）（→カラー口絵）

2002年ではミネソタ州，アイオワ州，ウィスコンシン州を除くすべての地域で不作となっている一方，2012年の不作地域はネブラスカ州東部からアイオワ州，ミズーリ州を経てインディアナ州に集中しており，東海岸南部やカナダ国境沿いの豊作地域をいち早く捉えることができていました．同じ不作年であっても，干ばつ被害地域の空間分布パターンが，大きく異なっていたことがよくわかります．

トウモロコシ単位収量の全米平均値について，USDA予測と本手法の予測精度を比較した結果，9月期までに限っていえば，MODISデータを用いた本手法のほうが優れていました（図2.29）．

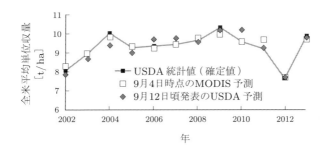

図2.29　2002～2013年のトウモロコシ単収の全米平均値（統計確定値）に対する，9月4日時点のMODIS予測と9月12日頃発表のUSDA予測の比較

### 2.3.5　洪水分布／栽培体系の把握：MODISデータ（図解⑥，⑦参照）

#### ●●●概要

ベトナムのメコンデルタは，メコン川のもたらす豊富な水資源と一年中温暖な気候の恩恵を受け，短い生育期間（100日前後）で収穫することのできる水稲品種を栽培することで，年2～3期作を行うことができます．一方，沿岸部においては，淡水と海水が混じりあう汽水域という地理的条件を活かしたエビ養殖を盛んに行っており，冷凍養殖エビは日本・EU・米国を中心とする先進国に輸出されています．

本項では，高頻度観測衛星センサ（MODIS）データを時系列解析することで，メコン川洪水の時空間変動と土地利用変化の把握を試みた事例について紹介します．

農業モニタリングによく利用されているMODISプロダクトは，250/500m解像度のデータを収録した分光反射率プロダクトです（表2.3）．本項で紹介する事例では，8日間コンポジット分光反射率プロダクト（MOD09Q，MOD09A）を利用しています．

表 2.3 MODIS 地表面反射率プロダクトの観測波長帯（250/500 m 解像度）

| MODIS プロダクトレイヤー | 分解能 [m] | 観測波長帯 [μm] |
|---|---|---|
| sur_refl_b01 | 250 | 0.62〜0.67：赤 |
| sur_refl_b02 | 250 | 0.84〜0.88：近赤外 |
| sur_refl_b03 | 500 | 0.46〜0.48：青 |
| sur_refl_b04 | 500 | 0.55〜0.57： |
| sur_refl_b05 | 500 | 1.23〜1.25： |
| sur_refl_b06 | 500 | 1.63〜1.65：短波長赤外 |
| sur_refl_b07 | 500 | 2.11〜2.16： |
| sur_refl_day_of_year | 500 | 画素単位の観測日 |

● ● ● **解析手順**

1. **植生指数・水指数の取得**

   洪水の時空間変化・水稲栽培体系・内水養殖地（エビ養殖）の分類は，時系列フィルタリング処理（雲被覆／ミクセルによるノイズ除去・欠測値の補完）を施した平滑化時系列植生指数（水指数）情報から求めます．

   解析に用いる指数情報は，つぎに示す3種類です．強調植生指数 (enhanced vegetation index: **EVI**)・陸面水指数 (land surface water index: **LSWI**)・両者の差分値 (difference value between EVI and LSWI: **DVEL**)．

$$\mathrm{EVI} = 2.5 \times \frac{R_{\mathrm{NIR}} - R_{\mathrm{RED}}}{R_{\mathrm{NIR}} + 6 \times R_{\mathrm{RED}} - 7.5 \times R_{\mathrm{BLUE}} + 1} \tag{2.12}$$

$$\mathrm{LSWI} = \frac{R_{\mathrm{NIR}} - R_{\mathrm{SWIR}}}{R_{\mathrm{NIR}} + R_{\mathrm{SWIR}}} \tag{2.13}$$

$$\mathrm{DVEL} = \mathrm{EVI} - \mathrm{LSWI} \tag{2.14}$$

——ここで，$R_{\mathrm{NIR}}, R_{\mathrm{RED}}, R_{\mathrm{BLUE}}, R_{\mathrm{SWIR}}$ はそれぞれ近赤外，赤，青，短波長赤外域における反射率です．

2. **洪水・内水養殖（エビ養殖地）の把握**

   つぎに示す条件式から，MODIS 画像の一つひとつの画素を①湛水画素，②ミクセル画素（水域との混合画素），③非湛水画素の3種類に分類します．

$$\text{ミクセル域：DVEL} \leq 0.05 \quad \text{かつ} \quad 0.1 < \mathrm{EVI} \leq 0.3 \tag{2.15}$$

$$\text{湛水域：}(\mathrm{DVEL} \leq 0.05 \quad \text{かつ} \quad \mathrm{EVI} \leq 0.1)$$
$$\text{または} \quad (\mathrm{LSWI} \leq 0 \quad \text{かつ} \quad \mathrm{EVI} \leq 0.05) \tag{2.16}$$

$$\text{非湛水域：条件式 (2.15), (2.16) のいずれも満たさないとき}$$

——日単位で湛水またはミクセル域に分類された連続画像をもとに湛水開始日・湛水終了日・湛水

期間を計算・図化することによって，メコン川洪水の時空間変化・年次変動を明らかにすることができます（**図解⑥**，**⑦参照**）．なお，年間湛水期間が 110 日以上の画素をエビ養殖地とし，なおかつ EVI 最大値が 0.5 以上を示す画素を水稲・エビ混作地として分類しています．

3. 土地利用分類

水稲の栽培体系は，平滑化 EVI の極大値（EVI $\geq 0.4$ に限る）の出現回数と出現時期情報の組合せから分類します（**図解⑦参照**）．EVI（領域平均）と湛水状態（領域占有率）の時間変化を **図 2.30** に示します．

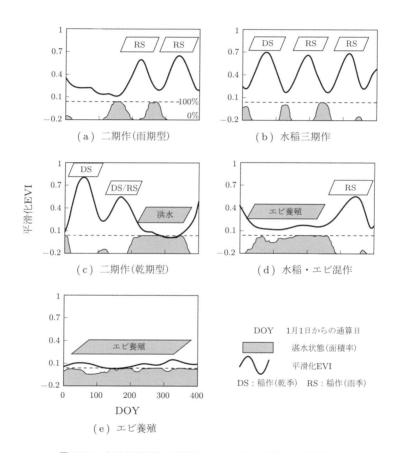

図 2.30 土地利用ごとの平滑化 EVI と湛水状態の時系列変化

●●●結果

水稲栽培体系・エビ養殖の空間分布図（**図解⑦**）とメコン川洪水の時空間分布図（**図解⑥**）は，ベトナムのメコンデルタにおける農業生産活動が，立地条件に応じて，量

的・質的に季節変化する水資源環境と密接な関係にあることを示しています．洪水常襲地帯であるデルタ上流部は，毎年，雨季に氾濫するメコン川洪水が作付の障害となっており，乾季を中心とする二期作（**図解⑦**の黄色部分）を行っています．デルタ沿岸部は，汽水条件を活かしたエビ養殖地が広がっています．そして，エビ養殖地帯の内側は，乾季のメコン川流量低下と潮汐作用によって発生する塩水遡上の影響を受け，塩分濃度の低い灌漑水を確保することが難しい乾季には稲作ができず，雨季を中心とする二期作（**図解⑦**のオレンジ色部分）を行っています．立地的に雨季洪水と乾季塩水遡上の影響がそれほど深刻でないデルタ中流部は，水稲三期作（**図解⑦**の緑色部分）を行う水田が帯状に広がっています．

土地利用の年次変化に注目すると，中上流部を中心に，水稲三期作を新たに行う地域が2001～2005年にかけて拡大していましたが，2006～2007年に急速に縮小していることがわかります．これは，2006年にトビイロウンカの媒介するウィルス被害が深刻になり，その対策として水稲三期作の自粛を行った結果です．一方，デルタ上流部では，輪中状の堤防建設や水路整備により洪水による浸水被害を緩和し，水稲三期作を新たに行うようになった地域が増えています．下流域では，乾季の水門管理の際，水路内にたまっている低塩分濃度灌漑水を利用することによって，水稲三期作が可能になった新興地域も確認されています．また，沿岸部では，高収入が期待できるエビ養殖の流行から，水田から内水養殖池への急速な土地利用変化が進んでいます．

以上のように，MODISデータを用いた時系列解析により，ベトナムのメコンデルタでは，季節変化する水資源の質的・量的な変化に上手く適用し，水稲の多期作化といった時間方向への農地面積の拡大を行っていることがわかります．

● **2.3.6 焼畑生態系の炭素ストックの動態評価：多年次時系列衛星画像（図解④参照）**
● ● ● 概要

衛星データは長期間の土地利用や生態系の変遷を広域的に捉える場合にも威力を発揮します．ここでは，焼畑生態系における土地利用と炭素ストックの定量化についての事例を通して，長期間にわたる時系列衛星データ利用の方法を紹介します．

焼畑農業はインドシナ半島からインドにまたがる山岳地帯（ベトナム・ラオス・中国・ミャンマー・バングラデシュ・インド）では，重要な食糧生産システムとして長い歴史をもつ持続的な伝統農法です．しかし，面積の拡大と休閑期間の短縮が急速に進み，土地生産性・労働生産性の低下だけでなく，森林資源の劣化と$CO_2$の放出，土壌侵食，生物多様性の損耗などが懸念されています．

そこで，リモートセンシング・GISを用いてまず広域的な土地利用と植被動態の解

明を進め，つぎに，それによって得られる空間情報を土壌・バイオマスなどの現地調査データと統合するアプローチにより，土地利用・生態系炭素動態の長期的・広域的変化を定量評価します．

### ●●●対象地域

ラオス北部山岳地帯の約 22500 km² を対象域とします（**図解④**）．対象域の中心位置は，おおむね北緯 20°13′12.8″，東経 102°03′48.9″ で，Landsat 衛星の Row: 46, Path: 129 の観測シーン約 180 km 四方に相当します．標高は海抜 300〜2000 m で，斜面の傾斜は 40〜100％と急傾斜です．年間平均降水量は約 1300 ± 260 mm 程度ですが，その 90％以上が 5〜10 月の雨季に降ります．**図解④**の衛星画像にみられる緑青色のパッチの大部分は，当年焼畑耕作に利用された部分です．このような耕作地パッチが年々移動しつつ循環的に利用されるため，長期間にわたって焼畑農業に利用される全面積は広大です．焼畑耕作では，もっとも乾燥した 2 月中旬〜4 月中旬までの期間に伐採と焼き払いが行われ，雨季の始まる直前の 4 月中旬〜5 月に播種され，雨季の終わる 10〜11 月に収穫されます．もっとも重要な作物はイネ（陸稲）です．

> **Point**
> 衛星データの利用においては現地調査，いわゆるグランドトゥルースが衛星データを正しく解釈するうえで不可欠です．本事例では，地図，衛星画像，GPS 装置，GPS カメラなどを用いて位置データを収集するとともに，住民からの聞き取りにより，地点ごとの土地利用履歴や土地利用パターンに関する情報を収集しました．また，携帯型分光反射スペクトル測定装置によって代表的な地表面の反射率データを計測しました．これらのデータは，衛星画像の解析結果の検証などに用います．

### ●●●解析方法

対象域の土地利用は比較的単純で，焼畑，休閑植生，長期保全林，精霊林（墓地含む），集落，道路，水田，チーク林，河川に分けられます．土地利用変化のうち，もっともダイナミックな変化は休閑地（2 次林）と焼畑地の転換で，休閑地は多様な休閑年数（焼畑を停止してのちの年数＝2 次林の群落齢）の土地から構成されています．その面積構成を明らかにすることが，土地利用パターンの定量的な把握と生態系炭素ストックの評価に不可欠な情報です．

熱帯における焼畑土地利用では自然植生により地面が速やかに被覆されるため，休閑地のバイオマスを衛星データにより直接評価することは一般に困難です．しかし，森林が伐採されて焼畑に使われた土地の当年の分光反射指数は，それ以外の年次と比べて明確な差があることがわかりました．この特徴に基づいて，広大な森林地帯のなかで，ある地点が焼畑に使われた年次を衛星画像から正確に判別し，その広がりを捉えることも可能になりました．

そこで，本事例では，多年次にわたる衛星画像を収集し，時系列的変化を抽出することにより，土地利用変化を追跡する方法をとっています．そのため，1970年代～2008年にわたるLandsat，SPOT，QuickBird，IKONOSなどの衛星画像を体系的に収集し，主としてLandsat画像を時系列解析に用いるとともに，高解像度画像を詳細な解析あるいは分類の補助や検証に用います．時系列解析によって画素ごとの土地利用履歴を追跡するためには，長期間にわたってデータが欠落する年次のないことが必要になりますが，幸い乾季には良好な画像が取得されており，10年以上にわたって年々変化の連続的な解析が可能となりました．長期間にわたる衛星データの蓄積が威力を発揮する典型的な例といえます．

● ● ● 解析手順

1. 収集した衛星画像群に幾何補正を施し，基準画像に対する位置精度の高いデータセットを生成します．

2. 年々の焼畑パッチの抽出には，バンド特性と形状特性を用いるセグメンテーション処理を適用します．
   —— 画像処理にはImagine 9.3 (ERDAS) を，セグメンテーション処理にはeConginition 6.0 (Definiens) を用いています．

   すなわち，セグメンテーション処理によってポリゴンを生成し（図 2.31），ポリゴン単位で土地利用を分類・検証します．

図 2.31 マルチスペクトル衛星データから生成した土地利用パッチのポリゴン

3. 当年に焼畑利用されたポリゴンとそれ以外の部分の2値画像を年次ごと生成し，多年次分の2値画像を重畳したデータセットを作成します．そこで，時系列の分類結

果を重畳したデータセットを作成し，ピクセルベースで土地利用経過を追跡し，これによって，焼畑面積，群落齢，焼畑連年数などの頻度分布と空間分布を算出することが可能となります．

これを用いて，ピクセルごとに過去のいつの時点で焼畑が行われたか，何年間連続して利用されたかを明らかにし，さらには休閑期間（群落齢）などを算出できます．

> **Point**
> このアプローチは原理的には比較的単純な方法ですが，統計データが乏しくかつ現地アクセスが容易でなく，また，衛星データによるバイオマスや群落齢の直接計量が困難な場合にはきわめてロバストかつ実際的な方法で，長期間の衛星画像のアーカイブデータの存在によってはじめて可能になるアプローチです．

●●● 結果

焼畑面積は，1975年頃には5〜8％程度であったものが，90年代以降急速に増加し，2003年には約8〜13％に達していました．2005年までの10年間の焼畑作付地面積の増加率は年率3〜5％程度であったことが明らかになっています（図 **2.32**）．

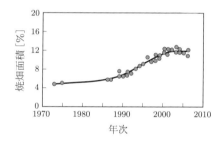
図 2.32 焼畑面積の時系列変化

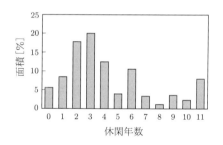
図 2.33 休閑年数の面積率

図 **2.33** は休閑地の群落齢（休閑期間）ごとの面積率，すなわち，地域内における土地利用パターンの構成比を示すもので，近年の休閑期間の実態を定量的に示すものです．基本的に15〜20年以上であったとされていた休閑期間が，1〜4年程度の短期休閑主体になっていることが明らかであるだけでなく，頻度分布が得られたことで，種々の試算に応用することができます．

また，焼畑作付継続年数は，1年耕作後放棄する割合が約75％で，3年までに97％が放棄されます．休閑期間の3年がもっとも多く，これに2年および4年が続き，2年連続焼畑利用もやや増加傾向にあり，利用圧が高まっています．近年は面積増加率に鈍化傾向があるものの，休閑4年以内が約64％を占めており，10年以上の長期休閑地・保全林も徐々に焼畑に組み込まれていることなど，地域スケールの実態が判明し

ました．

図 2.34 は，2003～2005 年時点の焼畑・休閑土地利用パターンの実態に基づいて，これを長期継続した場合，あるいは，焼畑と保全林の面積比率を変化させた場合，さらには休閑期間の構成比率を変化させた場合などの 5 種類の土地利用管理シナリオについて，地域スケールの炭素ストックと収益性を比較したものです．本事例での比較分析の限りにおいては，多収コメ品種と換金作物（紙原料であるペーパマルベリ）に，地力維持用にマメ科牧草を組み合わせて 2 年作付し，休閑期間を 10 年確保する 12 年サイクルの土地利用（シナリオ 4：代替システム）が，炭素ストックと収益性の両方を増強するうえで有望なシナリオと考えられました．

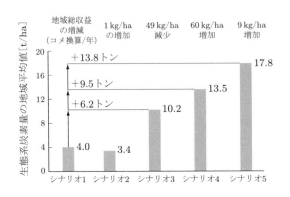

図 2.34　代表的な土地利用・作付体系シナリオにおける生態系炭素ストックと収益性

### ● 2.3.7　水稲生育情報の評価：衛星 SAR センサ
#### ● ● ● 概要

移植時期前後の水田の後方散乱係数の推移（図 2.35）に見られるように，マイクロ波後方散乱は水面で特異的に低く，かつ移植に伴うわずかな変化（田面水に長さ 15 cm 程度の苗がごくまばらに分布した状態）にも敏感に応答することがわかります．そのため，合成開口レーダ SAR は湛水域の面積推定などに有用で，水稲の作付面積評価は実用段階にあります（図解③参照）．しかし，マイクロ波信号による植物のバイオマスや葉面積，形状特性などの定量評価については，いまだ重要な研究課題の一つになっています．とくに，曇りがちな天候の多いアジア・モンスーン地帯では，作物・農地の診断や収量評価に必要な生育・収量に関する情報を，適時に広域かつ精度よく把握するうえで，雲の影響を受けずに地表面を観測できる SAR の利用が期待されています．

SAR はアンテナからマイクロ波を照射し，対象物に当たって散乱されたマイクロ波

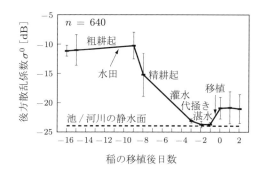

図 2.35　X バンド衛星 SAR による後方散乱係数（VV 偏波）の水田の移植時期の変化．移植に伴う微小な苗が検出されている．移植後 1 か月程度で $-10 \sim -15\,\mathrm{dB}$ の水準に上昇する．

信号をアンテナで受信する能動型センサであり，電波領域を使用することから天候の影響を受けない点が最大のメリットです．しかし，植物群落のマイクロ波後方散乱係数には，植物の量的・電磁的・幾何学的特性が関与するだけでなく，土壌水分や地表面粗度なども影響します．さらに，センサの観測条件（周波数・偏波・入射角など）によっても受信信号は変化します．

そのため，多くの作物を対象に後方散乱計測システムを用いた地上での連続観測や高解像度衛星 SAR データの地上検証が行われ，周波数や偏波，入射角などの異なる後方散乱係数と植物変量（バイオマス・葉面積指数・草高など）や土壌水分など多くの変量との間の関係が解析されてきました．

そこで，上記のような地上での基礎実験結果に基づいて，近年利用可能になった地上解像度の高い X バンドと C バンドの衛星 SAR センサによる信号を，作物・農地情報の広域適時計測に活用する手法を検討した事例について紹介します．

### ●●● 解析方法

地上実験では，五つの周波数（Ka：$35.25\,\mathrm{GHz}$，Ku：$15.95\,\mathrm{GHz}$，X：$9.6\,\mathrm{GHz}$，C：$5.75\,\mathrm{GHz}$ および L：$1.26\,\mathrm{GHz}$），全偏波（HH，VH，HV，VV），4 入射角（$25°$，$35°$，$45°$，$55°$），および 5 方位角（$-28°$，$-14°$，$0°$，$14°$，$28°$）の全組合せでデータを取得しました．また，同時に水稲群落の葉面積指数，草高，茎数密度，部位別生体重，乾物重などの詳細な植物体データを直接計量し，相互関係の解析からつぎのような多くの基礎的知見が得られました．

(1) 周波数の高いバンド（Ka，Ku，X）の後方散乱係数は，移植直後に急激に上昇し，この変化は入射角の大きい場合とくに明瞭で，微細な幼苗の存在を検

出可能である.
(2) バイオマスはLバンド,次いでCバンドと密接な関係にあり,Lバンド45° HHが最良の推定力をもつ.
(3) 葉面積指数はCバンドのHH偏波およびCross偏波(VH, HV)の後方散乱係数ともっとも密接な関係がある.
(4) 茎数密度はXバンドと高い相関関係があり,ゆるやかな指数回帰モデルがよく適合する.
(5) 穂の重量はKa, KuおよびXバンド後方散乱係数との間に明瞭な相関関係が見出され,収量の直接的評価の可能性が示唆された.

このように,マイクロ波は周波数と入射角の違いによって,群落への侵透する深さが異なるため,後方散乱信号にはそれらに対応した群落情報が反映されており,逆にそれを利用して,さまざまな群落特性を推定することが可能になります(図 **2.36**).

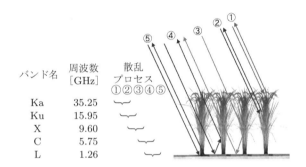

図 2.36 水稲群落における周波数の異なるマイクロ波の後方散乱過程の模式図—成熟期の例.アンテナから発射されたマイクロ波が,群落上面での表面散乱,群落内での多重散乱,水面での鏡面反射を経てアンテナに受信される.周波数が高いバンドでは表面散乱が主体で,低いバンドでは群落深くまで入る.葉・茎・穂の生育状態と透過程度に応じて群落情報の計量精度と範囲が異なる.

### ●●●解析手順

1. 衛星観測の諸元を決定するために,目的とする群落特性に適した周波数,空間解像度,偏波,入射角を注意深く選定します.
   ——これらの観測諸元の決定には,上述したような地上での基礎実験データが参考になります.

> **Point**
> 一般に,SAR画像ではランダムノイズを軽減するために平均化などの処理が行われるため,実際の空間解像度は画素サイズの3〜5倍になることを想定する必要があります.また,入射角が大きいほど斜め観測となり,群落への侵透は浅くなることにも留意する必要があります.

2. 衛星搭載の X バンドセンサ（周波数 9.6 GHz：COSMO SkyMed (CSK) および TerraSAR-X (TSX) の二つの衛星）と C バンドセンサ（5.4 GHz：RADARSAT-2 の衛星）の合成開口レーダ（SAR）を用いて，約 100 km$^2$ の水田地帯を対象に，4 年にわたって水稲の主要な生育時期（移植，幼穂形成期，登熟期，収穫期）に水田を観測し，同期測定した生育形質や圃場状態との関係を解析します．

### ●●● 結果

SAR センサによって観測される信号（後方散乱係数 $\sigma^0$）は，一定の観測条件（偏波，入射角など）では一貫性が高いものの，CSK と TSX の間には同様な観測条件でもセンサ固有の大きな系統的差異が認められました．このようなセンサ間の差異を解消するため，画像内開放水面の $\sigma^0$ 値を基準としてデータを相対値として正規化する方法（water-point 法）が有用です（図 **2.37**）．

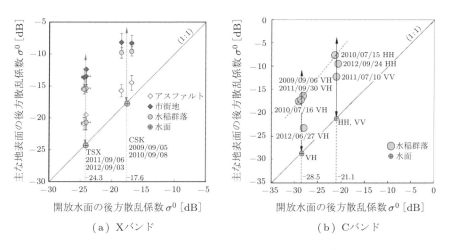

図 2.37 水田地帯を対象に観測した衛星 SAR による後方散乱係数 $\sigma^0$ の特性．開放水面の後方散乱係数 $\sigma^0$ に対する各種対象面の $\sigma^0$ を比較したもの．各対象物の $\sigma^0$ と水面に対する $\sigma^0$（図中の water-point）との差を用いることで，センサ固有のバイアスを解消できる．

この方法によって，二つの X バンドセンサの系統的な差異によらず，$\sigma^0$ と作物形質との間に共通的な関係が得られることがわかりました．そして，登熟期水稲群落では，X バンド $\sigma^0$ が穂の重量に対してもっとも明瞭な感度をもつことが見出されました（図 **2.38**）．

一方，C バンドの $\sigma^0$ は，群落光合成の鍵となる光吸収能 fAPAR および葉面積指数 LAI との間に密接な関係をもつことが明らかになりました．これにより，雲の影響

で観測頻度に制約のある光学センサにかわって，生産力や収量に関するこれらの重要特性を適時あるいは時系列的に評価できることが確認されました（図 2.39）．高解像度の SAR 画像はいまだ高価で社会実装は今後の課題ですが，利用可能な衛星が増加していることから，将来の利活用が期待されます．

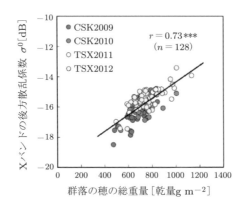

図 2.38 衛星搭載の X バンド SAR センサから得られた後方散乱係数と登熟期の穂の重量との関係．CSK は衛星 COSMO-SkyMed に搭載された SAR-X バンドセンサによって，2009，2010 年に得られた測定値．TSX は衛星 TerraSAR-X に掲載された SAR-X バンドセンサによって，2011，2012 年に得られた測定値．

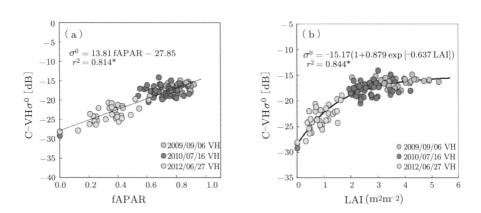

図 2.39 衛星搭載の C バンド SAR センサから得られた後方散乱係数と光吸収能 fAPAR(a) および葉面積指数 LAI (b) の関係

## コラム⑦ 雹嵐 "Hail storm" による農業災害

雹害は，米国コーンベルトに深刻な農業被害をもたらす気象災害の一つです．ミネソタ州だけでもトウモロコシの雹嵐被害が，毎年1億米ドル（約100億円）に達します．左図は，Landsat 5号によって捉えられた，ネブラスカ州東部の雹嵐被害地域です（2010年9月13日発生）．右図は，翌日（14日）に撮影した実際の農作物被害の様子です．収穫直前の雹嵐 (hail storm) は，現地のスラングで "Great white combine（白色の巨大コンバイン）" とよばれるほど，収穫後の状態と見まがうほど植物すべてをなぎ倒していきます．

# 参考文献

[1] 江森康文，安田嘉純：野外分光放射測定の定義．写真測量とリモートセンシング 24（特集号 1），pp.5–18, 1985.

[2] 飯坂讓二 監修，日本写真測量学会 編：合成開口レーダ画像ハンドブック．朝倉書店，1998.

[3] Inoue, Y., Moran, M.S., Horie, T.：Analysis of spectral measurements in Rice paddies for predicting rice growth and yield based on a simple crop simulation model. Plant Prod. Sci., 1, pp.269–279, 1998.

[4] Inoue, Y.：Synergy of remote sensing and modeling for estimating ecophysiological processes in plant production. Plant Prod. Sci., 6, pp.3–16, 2003.

[5] 井上吉雄，Giashuddin Miah，境谷栄二，中野憲司，川村健介：ハイパースペクトルデータに基づく正規化分光反射指数 NDSI マップおよび波長選択型 PLS による植物・生態系変量の評価 —米粒タンパク含有率・クロロフィル濃度・バイオマス評価を事例として—．日本リモートセンシング学会誌，28, pp.317–330, 2008.

[6] Inoue, Y., Kiyono, Y., Asai, H., Ochiai, Y., Qi, J., Olioso, A., Shiraiwa, T., Horie, T., Saito, K., Dounagsavanh, L.：Assessing land use and carbon stock in slash-and-burn ecosystems in tropical mountain of Laos based on time-series satellite images. Int. J. Appl. Earth Obs. Geoinfo., 12, pp.287–297, 2010.

[7] 井上吉雄：食糧–環境インテリジェンスのための生態系リモートセンシング—問題解決に向けた信号データ利用法—．日本リモートセンシング学会誌，31(1), pp.2–26, 2011.

[8] 井上吉雄：時系列衛星画像による東南アジア山岳焼畑地帯の土地利用と炭素蓄積量の実態解明—ラオス焼畑地帯の事例から—．日本リモートセンシング学会誌，31, pp.45–54, 2011.

[9] Inoue, Y., Sakaiya, E., Zhu, Y., Takahashi, W.：Diagnostic mapping of canopy nitrogen content in rice based on hyperspectral measurements. Remote Sens. Environ., 126, pp.210–221, 2012.

[10] 井上吉雄：高解像度光学衛星センサによる植物・土壌情報計測とスマート農業への応用．日本リモートセンシング学会誌，37, pp.213–223, 2017.

[11] 井上吉雄，横山正樹：ドローンリモートセンシングによる作物・農地診断情報計測とそのスマート農業への応用．日本リモートセンシング学会誌，37, pp.224–235, 2017.

[12] 石塚直樹，斎藤元也：水田地帯を観測した Pi-SAR データの特性解析．写真測量とリモートセンシング，41(4), pp.68–72, 2002.

[13] 石塚直樹，斎藤元也，村上拓彦，小川茂男，岡本勝男：RADARSAT データによる水稲作付面積算出手法の開発．日本リモートセンシング学会誌，23(5), pp.458–472, 2003.

[14] 石塚直樹，斎藤元也，大内和夫，Glen Davidson，毛利健太郎，浦塚清峰：水稲生育状況のマイクロ波特性による把握 —Pi-SAR による児島湾干拓地水田の多波長・多偏波解析—．日本リモートセンシング学会誌，23(5), pp.473–490, 2003.

[15] 村岡浩治：先進的形態を有する垂直離着陸無人航空機の研究．日本リモートセンシング学会誌，29(4), pp.579–585, 2009.

[16] 日本リモートセンシング研究会 編：リモートセンシング通論．日本リモートセンシング研究会，2000．
[17] 日本リモートセンシング研究会 編： 図解リモートセンシング．日本測量協会，2001．
[18] 日本リモートセンシング学会 編：基礎からわかるリモートセンシング．理工図書，2011．
[19] 野波健蔵 編著：ドローン産業応用のすべて—開発の基礎から活用の実際まで—，オーム社，2018．
[20] Okamoto, K., and Kawashima, H.：Estimating total area of paddy fields in Heilongjiang, China, around 2000 using Landsat Thematic Mapper/Enhanced Thematic Mapper Plus data. Remote Sens. Lett., 7(6), pp.533–540, 2016.
[21] 大内和夫：リモートセンシングのための合成開口レーダの基礎．東京電気大学出版局，2004．
[22] 境谷栄二，井上吉雄：リモートセンシングによる玄米タンパク含有率の推定精度に影響する誤差要因—地域スケールでの実践的応用に向けて—．日本作物学会紀事 81(3), pp.317–331, 2012.
[23] 境谷栄二，井上吉雄：米の適期収穫への航空機および衛星リモートセンシングの実践的利用．日本リモートセンシング学会誌 33(3), pp.185–199, 2013.
[24] 境谷栄二，三上竜平，小野浩之，寺田守宏，須藤弘毅，井上吉雄：ブランド米の生産管理へのリモートセンシング・GISの利用．日本リモートセンシング学会，第61回学術講演会論文集，pp.133–134, 2016.
[25] Sakamoto, T., Nguyen, V. N., Ohno, H., Ishitsuka, N., Yokozawa, M.：Spatiotemporal distribution of rice phenology and cropping systems in the Mekong Delta with special reference to the seasonal water flow of the Mekong and Bassac rivers. Remote Sens. Environ., 100, pp.1–16, 2006.
[26] Sakamoto, T., Nguyen, V. N., Kotera, A., Ohno, H., Ishitsuka, N., Yokozawa, M.：Detecting temporal changes in the extent of annual flooding within the Cambodia and the Vietnamese Mekong Delta from MODIS time-series imagery. Remote Sens. Environ., 109, pp.295–313, 2007.
[27] Sakamoto, T., et al.：A two-step filtering approach for detecting maize and soybean phenology with time-series MODIS data. Remote Sens. Environ., 114, pp.2146–2159, 2010.
[28] Sakamoto, T., Shibayama, M., Takada, E., Inoue, A., Morita, K., Takahashi, W., Miura, S., Kimura, A.: Detecting seasonal changes in crop community structure using day and night digital images. Photogramm. Eng. Remote Sens., 76(6), pp.713–726, 2010.
[29] Sakamoto, T., et al.：An alternative method using digital cameras for continuous monitoring of crop status. Agricul. Forest Meteor., 154, pp.113–126, 2012.
[30] Sakamoto, T., Anatoly, A. G., and Timothy, J. A.: MODIS-based corn grain yield estimation model incorporating crop phenology information. Remote Sens. Environ., 131, pp.215–231, 2013.
[31] Sakamoto, T., Anatoly, A. G., and Timothy, J. A.：Near real-time prediction of US corn yields based on time-series MODIS data. Remote Sens. Environ., 147,

pp.219–231, 2014.

[32] 資源・環境観測解析センター 編：合成開口レーダ (SAR) —資源探査のためのリモートセンシング実用シリーズ 5—．資源観測解析センター，p.369, 1992.

[33] van Zyl, J. J.: Calibration of polarimetric radar images using only image parameters and trihedral corner reflector responses, IEEE Transactions on Geoscience and Remote Sensing, 28, pp.337–348, 1990.

# Part II　GIS：地理情報システム

##  はじめに：GIS はもはや常識

　コンピュータによってさまざまな情報を管理したり分析したりすることが常識になりました．地理的な情報も同じように，コンピュータで管理・分析することが業務や研究のうえで必要であるとともに，日常生活においても，とても便利に使えるようになってきました．これらを可能にする，地理情報を扱うコンピュータソフトウェアは**地理情報システム**とよばれ，geographic information system の頭文字をとって，GIS と称されています．GIS は地図を書くことをもっとも基本的な目的としていますが，地図などに描かれている情報をデジタルの地理空間情報へ変換することや，デジタル化された情報を表示したり，分析したりすることができる総合ソフトウェアです．

　しかし，GIS 技術に対する知識はまだ一般的に普及しているとはいいにくいのが現状です．その理由の一つは，人間自身の画像解析能力が高いことがあげられるかもしれません．たとえば，下図 (a) はつくば市の中心部を表しています．人の目には明らかに地図です．しかし，コンピュータにとってこれはあくまで単なる絵であって，ここがつくば市であることを実は知りません．このままでは，つくば市についての地理情報は管理できませんので，図 (b) のように，地図に示される空間データからコンピュータが理解できる図形データを整備します．さらに，図形に対してそれぞれの区画に対応する属性データを加えると，GIS データベースが一つ完成します．図 (c) では，つくば市の中心の市外区を色分けして地名をラベルにしました．

　　　(a) 地図画像　　　　　　　(b) 図形データ　　　　　　　(c) 属性の表示
GIS によるデータ整備の概念図

　Part II では，GIS の基礎的な機能や応用例などについて解説します．これから GIS を始める方を念頭に，地理情報の種類，GIS の基本的な概念と手法，そしてデータとソフトウェアの入手方法について解説していきます．まずは，見慣れている地図から GIS データの種類を実例を使って紹介していきます．

# 第3章
# 地図データの基本とGIS

　GISはコンピュータ上で地図データを扱うシステムであることはいうまでもありませんが，地図は単なる絵ではありません．地図は図と情報と地球上の実際の地点の間をきわめて厳密な関係でつなぐ，とても特殊な性質をもっています．GISはこの地図の特殊な性質を上手に活用するためにコンピュータの機能を利用します．本章では，地図とデジタル地図の基本，そしてGISの機能について説明します．

##  3.1　地理空間情報

### ● 3.1.1　国土地理院発行地形図および国土基本図

　日本国内では道路地図，住宅地図，市町村地図など，さまざまな地図が販売されています．これらの地図の基本となるのが，国土地理院から発行されている1/25,000地形図（**図3.1**）や，各市町村が発行している1/2,500国土基本図（**図3.2**）です．多くの地理空間情報は，このような紙媒体で発行された情報をデジタル化することにより作成されてきました．

図3.1　1/25,000地形図．図3.2と中心は同じだが，より広い範囲が表示されている．

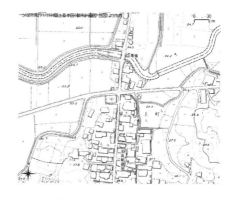

図3.2　1/2,500国土基本図

## 3.1.2 電子地形図 25,000 と基盤地図情報

これらの地理空間情報はデジタル媒体としても販売されています[†1]（図 3.3）．そのため現在では，紙媒体の情報をデジタル化する手間が省けて，より容易に利用することも可能です．さらに，道路や河川の縁線，等高線などについては，現在では基盤地図情報（図 3.4）として無料でダウンロードして利用することが可能になっています．

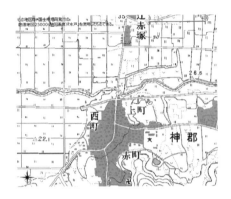

図 3.3　数値地図 1/25,000（地図画像）．彩色などが異なる．

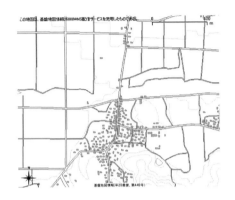

図 3.4　基盤地図情報 1/25,000 の例．範囲は同じだが，土地利用などが表示されていない．

## 3.1.3 その他のデジタル地理空間情報

日本国内では多くの公的機関が地理空間情報の提供を行っています．代表的な例としては，国土交通省が提供している国土数値情報[†2]（図 3.5），環境省による植生図[†3]（図 3.6）やそのほかの自然環境情報などがあります．これらも，Web を利用して無料でデータを入手することができます．

## 3.1.4 Web で閲覧できる地理空間情報

現在もっとも広く利用されているのは，たとえば Google Maps[†4] のように Web を利用して地理空間情報を閲覧するものだと思われます．ここまであげたような地形図も，国土地理院地図において閲覧することができます．

---

[†1] 国土地理院の数値地図（オンライン）　http://net.jmc.or.jp/digital_data_gsiol.html
[†2] 国土数値情報ダウンロードサービス　http://nlftp.mlit.go.jp/ksj/
[†3] 環境省自然環境局生物多様性センター 自然環境調査 Web-GIS
　　http://gis.biodic.go.jp/webgis/index.html
[†4] Google Maps　http://maps.google.co.jp/

3.1 地理空間情報　93

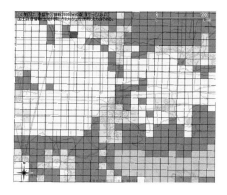

図 3.5　国土数値情報の土地利用細分メッシュデータの例

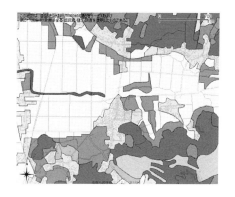

図 3.6　環境省の植生図の例

そのほかにも，OpenStreetMap[†1]のように，ユーザーが参加して地図を作製する試みが行われています．また，農業に関係深いデータとしては，日本土壌インベントリー[†2]（図 3.7），歴史的農業環境閲覧システム[†3]（図 3.8）などの情報も公開されています．

図 3.7　日本土壌インベントリーの表示例

図 3.8　歴史的農業環境閲覧システムの表示例

### コラム⑧　データの"精度"について

近年では，さまざまな形で電子化された地理空間情報を利用することができます．ただし，その際に気をつけることは，それぞれのデータの間で位置精度や分類基準が異なるということです．

たとえば，1/2,500 の国土基本図の上に基盤地図情報 (1/25,000) の道路を重ねると，両

---

†1　http://www.openstreetmap.org/
†2　https://soil-inventory.dc.affrc.go.jp
†3　http://habs.dc.affrc.go.jp/

者の位置がずれている場合がほとんどですが，これはもともとの位置的精度が異なるためです．また，環境省の植生図上で「牧草地」と表示されているところが，国土数値情報の土地利用では「その他の農用地」となっていることがありますが，これは両者の分類基準が異なるためです．こうした分類基準も，広い意味で"精度"といえます．

地理空間情報が電子化される前は，これらの精度の異なるデータを同時に扱うことはまれだったのですが，現在はそれが可能になっています．複数のデータソースから提供されたデータを扱う場合には，そういった精度の違いに気をつける必要があります．

## 3.2 GISの機能

### 3.2.1 地図とデータを繋ぐ

GISのもっとも単純な機能の一つは，コンピュータの地図とデータベースを繋ぐことです．地図の各「図形」に対応するデータベースの1行を繋ぎ，一つのセットとしてGISに「格納」します．たとえば，コンピュータの画面に表示される茨城県の「図形」が茨城県であることは見ればわかりますが，コンピュータはそのままではわかりません．そこで，GISでは茨城県に関するさまざまな情報（面積や人口など）をその図形とともにデータベースとして記録します．都道府県に関するデータベースならば47行のリストになり，それぞれが各県の図形と対応します．それにより，コンピュータ画面上の地図の「茨城県」をマウスでクリックすると，茨城県に関する情報を画面に表示することができます（図3.9）．これにより，データベースにある情報に基づく地図を作成したり，地図からデータベース内を検索したりすることが可能になります．これを「地理情報の管理と利用」と言い換えることもできます．

図3.9 図形とデータベースを繋ぐGIS

### ● 3.2.2　地表面と地図面の関係を整理する

　GIS は地理情報を扱ううえで必要な，地球の「地表面」と地形図に見られる「地図面」の関係を整理してくれます．地表面と地図面は複雑な関係で結ばれています．その理由は，球体である地球をむりやり平面である地図で表すためです．球体を複雑な計算を経て「投影」することにより，平面に表すことができます．地図はかならず「投影」を経た地表面を表していますので，地表面と地図面はきわめて厳密な数学的な関係で結ばれています．この数学的関係はここでは説明しませんが，重要な点は，さまざまな「投影法」を GIS が上手に整理してくれていることです．GIS のユーザーは地図の図法を選択するだけでよく，複雑な計算は GIS に任せておけばよいのです．

### ● 3.2.3　「位置」を表す

　GIS は世界中の地点の「位置」を厳密な数値で記録してくれます．地表面や地図面など，それぞれの「面」に座標が与えられ，GIS はそれぞれの座標値によって位置情報を記録します．世界中にはさまざまな地図と図法と座標値が使われていますが，GIS はそれらの位置情報を上手に整理して記録してくれますので，投影法と同様に，ユーザーは地図の図法を選択するだけで，あらゆる種類の位置情報を同時に扱うことができます．

　もっとも一般的に知られている位置情報は緯度・経度でしょう．しかし，緯度・経度は，実は地図座標ではありません．緯度・経度は球体の表面の位置を角度で表す方法であり，平面上の位置を表すことはできませんし，緯度・経度情報では面積や距離は計算できません．その理由の一つは，上下左右の尺度が一定ではないからです．緯度 1° と経度 1° の距離は異なります．また，経度 1° の幅は緯度が高くなるにつれて狭くなり，北極点ではゼロになります．緯度・経度情報は，投影されてはじめて地図座標となります．

　地図には地図座標という特殊な座標が当てはめられています．地図座標は球面を平らにした後の地図面上の位置を表す座標です．上下左右の尺度は同じで，位置情報は上下方向（$y$ 方向）と左右方向（$x$ 方向）の交点を示す二つの数値のセットで表します．地図座標の尺度は地図の図法によって異なります．幸い，一般的な日本の地図は少数の図法によって作図されていますので，その図法の特徴を覚えておけば，GIS でその図法を選択することにより，たいていの作業が実行できます．

　国土地理院発行の 1/25,000 地形図は，**ユニバーサル横メルカトール図法**に従って作成されています．英語では Universal Transverse Mercator なので UTM 図法ともよばれます．UTM 図法で使用される投影法は，その名のとおり，メルカトール投影法

です．しかし，よく見られる世界地図のように，地球全体を一気にメルカトル法で投影すると大陸が大きく歪みますので，UTM 図法では地球を小分けにして投影します．まず，地球を南北に細長い 60 の座標帯 (zone) に分けます．座標帯の幅は 6 度で，その座標帯ごとに投影が行われています．座標帯には独自の番号が割り当てられています．日本列島はほぼ座標帯の 51〜55 帯に収まっています．位置情報は，座標帯で定義される基線から東西南北方向の距離をメートルで表します．たとえば，つくば市は 54 帯にありますが，農業環境変動研究センターは赤道から北へ約 3,987,000 メートル，54 帯の西端から東へ約 420,000 メートルの地点に位置する，という具合に表します．UTM 図法は縮尺 1/25,000 以上の地形図などによく使われています．

もう一つ日本でよく使われる図法に，**平面直角図法**があります．これは縮尺 1/10,000 以下の詳細な地図によく使われています．平面直角図法では，日本列島を 12 の座標帯に分けています．茨城県の場合，第 9 座標帯の基点が県内の北緯 36° 東経 139°50′ に対応する地点にあります．したがって，平面直角図法によると，この基点の座標値は 0, 0 ということになります．そして，農業環境変動研究センターの位置は，この基点から北へ約 2,664 メートル，東へ約 25,258 メートルと表します．

GIS はさまざまな地図座標と緯度・経度の間を上手に変換しながら同時に扱うことができるので，利用者はあまり意識せずにそれぞれを利用できるようになっています．しかし，コンピュータが実際に記録して計算に使用する位置情報は，ほとんどの場合，何らかの地図座標に基づく座標値です．GIS の利用者は，そのときどきで常にどの図法による座標値を扱っているかを認識していることが大切です．

### コラム⑨　地図の測地系

地図には必ず投影法があります．投影法とともに地図作成に欠かせないのは測地系です．測地系とは，投影の前提となる地球の形を規定します．同じ投影法であっても測地系は異なることがありますので，GIS ソフトで投影法を選択するときには注意が必要です．国土地理院発行の日本の地形図は新日本測地系 (JGD2000 Datum) を使用しています．GIS ソフトで地図データの投影法を選択するときに，投影法と測地系がセットになって選択できるようになっています．たとえば，東京の地形図は「UTM Zone 54 JGD2000」を選択してください．日本の測地系は 2002 年に変わりました．その理由は，以前に使われていた旧日本測地系 (Tokyo Datum) が GPS と異なっていたからです．GPS は世界測地系 (WGS84) を使用しています．新日本測地系は GPS に準拠した測地系なので，日本の地図と GPS の測位値は同じ緯度・経度に対して同じ位置を示します．やや古い地形図を GIS で扱う場合は，投影法として「UTM Zone 54 Tokyo」を選択してください．

● 3.2.4 GISデータとはどのようなものか？

　位置情報は何らかの座標値であるということを説明しましたが，これから，GISがいかにして位置情報をまとめあげて図形を記録するかを紹介します．GISは主に二つの図形形式で空間情報をコンピュータの中で記録します．GISによってはこの二つの形式を併用することもありますが，どちらかに特化している場合もあります．いずれにしても，GISデータを理解するためには，この二つの形式をよく認識する必要があります．

(1) **ベクター形式**：コンピュータは点（ポイント）と線（ライン）と多角形（ポリゴン）の組合せで「図形」を記録します．たとえば，茨城県は県境に対応する線で描かれ，輪郭が閉じることによりポリゴンの茨城県として記録されます．属性データはそれぞれの点，線，またはポリゴンに対応するように格納されます．

(2) **ラスター形式**：図面を埋める格子状の点によって地図が描かれます．属性データは各点に対応して格納されます．

　コンピュータ技術の都合で以上の二つの方法が存在しますが，どちらの形式がより優れているという話ではありません．というのも，それぞれに向いている情報がありますので，上手にデータ形式を選ぶことが必要です．ベクター形式は，境界線が明確で中身が均一な地域を表すのに向いています．たとえば，都道府県図はまさしく境界線の地図なので，ベクター形式に向いています（図3.10）．ラスター形式は，境界線が不明確で属性が常に変化する地表面を表すのに向いています．その典型は標高図です（図3.11）．標高は変幻無碍なので，ラスター形式で表現すると，その変化がよく表せます．

図3.10　ベクター形式による東京都の市区町村の地図

図3.11　ラスター形式によって表現する茨城県南部の稲敷台地の標高地図

これからみなさんがGISによる地図を見るとき,「このデータはベクター形式かラスター形式か?」と必ず考えてください.

# 第4章
# GISを利用した空間情報処理の基本

　GISは空間情報を表示し，さらに分析を行うことにより新しい空間情報を作成することが可能です．4.2, 4.3節では，**オープンソース**のGRASSというソフトウェアと，米国ノースカロライナ州を対象に整備されたサンプルデータ[†1]を利用して，GISの基礎的機能について解説します．

 ## 4.1 データおよび解析／表示ソフトウェア

● 4.1.1　GISデータ

GISで使うデータを取得するには，

(1) 自分で独自に整備する

(2) GISで利用できる形であらかじめ整備されているデータを取得する

(3) インターネット上で配信される地図を利用する

といった三つの方法があります．独自にGISデータを整備するにはかなりの労力がかかります．また，その手順は使用するGISソフトによって異なりますので，それぞれのソフトのマニュアルやチュートリアルを参照してください．ここでは，時間をかけずにすぐに利用できるGISデータに注目して説明します．

ダウンロード型

　あらゆる政府機関や団体や企業がGISデータを整備し，広く提供しています．これらのデータは提供者があらかじめ整備して，ホームページやDVDなどの媒体で配布されています．有料の場合と無料の場合がありますが，ここでは無料でインターネット上からダウンロードできるデータの利用法とその所在から説明します．
　まず，農林業に携わるGIS利用者にとって実用的なデータで，ダウンロードして利

---

[†1] https://www.grassbook.org/data_menu3rd.php からダウンロードできます．

用できる，環境省の現存植生図を紹介します．これは，環境省の生物多様性センターによって提供されています．生物多様性センターの Web ページで[†1]，「自然環境調査 Web-GIS」をクリックすると，自然環境保全基礎調査のデータをインターネット地図として提供するシステムの Web ページに通されます．この Web ページから，県ごとの現存植生図がダウンロードできます．

　さてここで，ダウンロードできる GIS データのファイルについての技術的なポイントを一つ紹介します．GIS データもコンピュータのファイルである以上，ある種のファイル形式を有しています．もっとも普及している GIS のファイル形式はシェープファイル（shape file）です．ダウンロード可能な GIS データも，このシェープファイルとして提供されている場合が多いですが，データをダウンロードする前に，ファイル形式を確認しましょう．シェープファイルならばほとんどの GIS ソフトで開けますので，安心してダウンロードできます．そのほかのファイル形式に関しては，ソフトのマニュアルなどを参照してください．

　なお，ファイル形式である以上，GIS データのファイル名には拡張子がついています．ご存知のとおり，ワープロソフトに拡張子がつくように，シェープファイルにも拡張子がついていて，その拡張子は shp です．たとえば，日本の地図を納めているシェープファイルの名前は japan.shp になるかもしれません．さらに，シェープ形式には，属性データを記録したり，地図として正しく表示するための情報を納めたりする関連ファイルが複数存在します．これらのファイルの拡張子は dbf, shx, prj などです．たとえば，japan.shp では japan.dbf, japan.shx などのファイルも一緒に提供されている可能性がありますので，ダウンロードする際には，そのほかの付属ファイルも一緒にダウンロードするように注意しましょう．

　自然環境調査 Web-GIS システムからダウンロードできるデータもシェープファイルです．ダウンロードファイルそのものは zip 圧縮のかかったファイルで，解凍するとファイルが複数現れます．ファイル名は県によって異なりますが，shp, dbf, shx, prj の拡張子つきのファイルとなります．簡単な説明を記載する Readme ファイルがありますので，読んでください．シェープファイルを GIS ソフトで開くと，位置情報が緯度・経度であることがわかります．しかし，この緯度・経度は新日本測地系（jgd2000）に従っているので，UTM 図法に投影すると，正しく地図として表示されます．UTM 図法への投影は GIS ソフトに備わっている機能によって，表示するときのみに実施することもできますし，ファイル全体を UTM 図法に変換して使用することもできます．シェープファイルはベクター形式のデータです．現存植生図はたくさんのポリゴンか

---

[†1] 環境省 生物多様性センター　http://www.biodic.go.jp/

ら構成されています．ポリゴンは上手に配置されていますので，ポリゴンの間に隙間はなく，GISの画面上には綺麗な1枚の地図として表示されます．マウスでポリゴンを一つクリックしたり，属性テーブルを開くと，地図の植生データを見ることができます．

　環境省に限らず，多くの政府機関によってGISデータが提供されています．電子国土基本図など，政府系の多くのデータを閲覧することができますし，ダウンロードできるWebページまでアクセスすることも可能です．また，政府統計の総合窓口e-Stat[†1]からさまざまな政府統計に対応するGISデータをダウンロードすることもできます．もちろん，日本の地図やGISデータについて知りたいことがあれば，まずは国土地理院のホームページから調べることをお勧めします．国土地理院から直接ダウンロードできるデータに，地形図のもととなる基盤地図情報も含まれます．さらに，日本の地図に関する情報の中心は日本地図センターといえるでしょう．ここでは，無料・有料を問わず，さまざまな地図情報やソフトウェアについての情報と購入方法が説明されています．

　国際的にも，図解⑨で紹介した欧州環境庁の環境データセット[†2]に加え，米国政府のGISポータルサイト[†3]などがありますが，米国のオレゴン大学図書館[†4]のページは地図やGISデータ提供者の一覧表が充実しているので，ここにあげておきます．

### Webサービス型

　近年では，前述のようにデータをダウンロードして利用するだけではなく，インターネットを経由して地理空間データを供給するWMS (web map service)や地図タイルとよばれるサービスが増えています．これらのサービスは多くのソフトウェアで利用することができます．これらのサービスで提供されるデータは表示用の画像データで，分析に用いることができない場合も多くありますが，一方で，独自にデータを入手し，変換するといった手間を省くことができます．ここでは，このようなWeb型の地理空間データ供給サービスを紹介します．

### (1) 地理院タイル[†5]

　地図タイルとは，Web上で地図を表示する際に多く用いられているもので，地図データを256 × 256ピクセルの正方形タイルとして提供するものです．地理院タイル

---

[†1] e-Stat　http://www.e-stat.go.jp/gis
[†2] 欧州環境庁　http://www.eea.europa.eu/data-and-maps
[†3] アメリカ合衆国統計データポータルサイト　https://www.data.gov/geospatial/
[†4] オレゴン大学図書館　http://libweb.uoregon.edu/map/gis_data/index.html
[†5] 地理院タイル一覧 http://maps.gsi.go.jp/development/ichiran.html

は，国土地理院地図の表示に用いられているタイルデータですが，各種の GIS や Web 地図サービスを構築する際にも利用可能です．提供されているデータは，電子国土基本図（地図情報）や電子国土基本図（オルソ画像）などの基本測量成果をはじめ，過去の空中写真や標高タイル（基盤地図情報数値標高モデル）など，多岐にわたります．また，災害発生時には，被災地域の空中写真や被災状況などのデータも提供されます．

(2) 地図画像配信サービス[†1]

農研機構 西日本農業研究センター営農生産体系研究領域より提供されている WMS です．国土地理院より提供されている基盤地図情報（縮尺レベル 25,000 および 2,500）をはじめ，さまざまな地理空間情報が WMS 形式で配信されています．基盤地図情報は，提供されている項目が限られているため，土地利用や植生記号など，国土地理院発行の地形図に記載されている項目がない場合もありますが，日本全国を同じ精度で網羅しているので，地図表示をするときの背景図や，幾何補正を行うときの位置情報としての利用が可能です．また，これらの画像をダウンロードするには地図画像切り取りアプリ[†2]を，タイル地図画像を使用する Web アプリケーションを開発する場合にはタイル地図キャッシュサービス[†3]を利用することができます．

● 4.1.2　オープンソースの解析／表示ソフトウェア

オープンソース・ソフトウェアとは，ソフトウェアの設計図ともよばれるソースコードが公開され，その改変や再配布が可能なソフトウェアのことです．ただし，ソースコードに対する権利が放棄されているわけではないので，その点についての注意が必要です．一般には無償で入手することが可能ですが，サポートサービスなどを含めて，有償で提供される場合もあります．

### デスクトップ GIS ソフトウェア
(1) QGIS[†4]

いわゆる GIS ソフトウェアとよばれるソフトウェアのイメージにもっとも近いオープンソース GIS ソフトウェアの一つに，QGIS があります．QGIS はさまざまな GIS データのビューワーとして利用が可能であり，加えて，プラグインにより機能拡張や API を利用した独自アプリケーションの開発が可能です．また，Windows だけでなく，Linux，Mac などさまざまな OS の上で動作することも特徴の一つです．

---

[†1] http://www.finds.jp/mapprv/index.html
[†2] http://www.finds.jp/mapprv/mapext.html
[†3] http://www.finds.jp/tmc/index.html
[†4] https://www.qgis.org

最近は開発のペースが上がり，さまざまな機能が実装されていることも特徴です．操作は GUI を利用して行うことができ，ほとんどのメニューが日本語化されています．ライセンスは GNU General Public License で公開されているので，これにのっとって行えば，改変や再配布が可能です．

## (2) GRASS[†1]

QGIS と同様に，オープンソースのデスクトップ GIS ソフトウェアの代表的なものの一つで，すでに 30 年以上も開発が続けられています．QGIS に比べると，データが独自のデータベースに格納されることなどから，初心者には使いにくいかもしれませんが，強力な地理空間解析機能をもっているので，中・上級者向けのソフトウェアといえるかもしれません．ユーザーインターフェイスは GUI と CUI の両方を備えていますが，CUI を使うことにより大量のファイルを一括して処理することが容易に可能です．ライセンスは QGIS と同様に，GNU GPL になります．

## WebGIS ソフトウェア

## (1) MapServer[†2]

デスクトップ GIS ソフトウェアが，データの分析や解析に用いるためのソフトウェアであるとすれば，WebGIS ソフトウェアは，それらのデータをインターネット経由で公開し，サービスを提供するためのソフトウェアです．そのなかでももっとも使われているものの一つが MapServer です．このサーバにデータを登録し，PHP などの言語を用いることにより，高度な WebGIS サービスを構築することができます．ライセンスは MIT-style license になります．

## (2) GeoServer[†3]

上記の MapServer と並んでもっとも使われている WebGIS ソフトウェアの一つが GeoServer です．GeoServer は JAVA ソフトウェアとして開発されているため，OS を問わずに運用することが可能です．また，公開する GIS データの登録，スタイルの編集などを Web ブラウザ経由でできるため，初めて WebGIS を構築する場合には使いやすいシステムであるということができます．ライセンスは GNU GPL になります．

---

[†1] https://grass.osgeo.org/
[†2] https://mapserver.org/
[†3] http://geoserver.org/

### 統合 GIS パッケージ

#### (1) OSGeo4W[†1]

オープンソースの GIS ソフトウェアには，ここであげた以外にもさまざまなものがあります．一般には単独のソフトウェアだけを使うことは少なく，複数のソフトウェアを組み合わせて使うことが多いです．そのため，これらのソフトウェアを一括してインストールできる統合 GIS パッケージが存在します．その代表的なものの一つが OSGeo4W です．

OSGeo4W は，Windows 環境で実行可能なデスクトップ GIS, WebGIS および関係するさまざまなソフトウェアを集めたパッケージです．ここまでにあげたソフトウェアのなかでは，QGIS, GRASS, MapServer などをインストールすることができます．個別にソフトウェアをインストールするよりも管理が容易であるとともに，最新版がいち早く反映されることも特徴です．

#### (2) OSGeo-Live[†2]

上記の統合パッケージは既存のコンピュータにソフトウェアをインストールして利用するものですが，OSGeo-Live は直接 DVD から Linux の一つである Xubuntu を起動し，これまでにあげたものを含め，すでにインストールされている 40 のオープンソース GIS ソフトウェアを利用することができます．また，サンプルデータも含まれていますので，オープンソースの GIS ソフトウェアがどのようなものか試してみるのに適しています．さらに，DVD から起動するだけではなく，HDD にインストールして使用することも可能です．

---

**コラム ⑩　データの利用と権利について**

ここであげたデータのダウンロードや WMS の利用は，一般に無料で行うことができます．また，衛星データについても，NASA などから無料で提供されるものが近年増えてきています．ただし，これらのデータの著作権が放棄されているわけではありません．たとえば Google Maps では使用の制限として「コンテンツまたはその一部を複製，翻訳，変更，または派生物を作成すること」は書面の同意を得ることなくできません．

通常はそれほど意識する必要はありませんが，これらのデータを利用してできた成果を発表したり，公開したりする場合には，それが可能かどうか利用規約などを読んで確認することが必要です．また，国土地理院の提供するデータは，その利用について測量法で規定されています．

---

[†1] http://trac.osgeo.org/osgeo4w/wiki/OSGeo4W_jp
[†2] http://live.osgeo.org/

## 4.2 データの表示

GISのもっとも基本的機能は，位置情報をもったデータを重ね合わせて表示できるところにあります．まず，例として土地利用のデータを表示すると，図 4.1 のように土地利用ごとに色分けされて表示されます．また，特定のデータだけ表示することも可能です．たとえば，農業に関係する土地利用（農耕地と牧草地）を選択して表示すると，図 4.2 のようになります．

 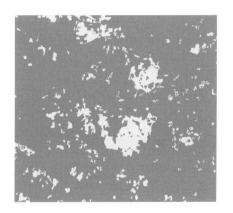

図 4.1　土地利用の表示　　　　　　　図 4.2　農耕地を選択して表示

上記の土地利用のように分類されたカテゴリーに色が与えられたデータとは別に，標高や気温のように値自体が意味をもつ連続した数値を表示することも可能です．たとえば，標高の場合は図 4.3 のようなデータが表示されます．

さて，ラスターデータだけでなく，ベクターデータの表示も可能です．同じ地域の河川データを表示すると，図 4.4 のようになります．

この河川データの上に，ほかの情報を重ね合わせて表示することもできます．例として，道路のデータを重ねて表示してみます（図 4.5）．

このように，GIS では各データが位置情報をもっているので自動的に位置合わせをして，重ね合わせて表示することができます．これはベクターデータとラスターデータの場合でも同様で，図 4.6 のようにラスター形式の標高データの上に，ベクター形式の河川と道路のデータを表示するといったことが可能です．また，線形式のベクターデータだけでなく，面や点形式のベクターデータを表示することも可能です．たとえば，土壌図をカテゴリーごとに色分けして表示すると図 4.7 のようになります．

図 4.3 標高の表示

図 4.4 河川の表示

図 4.5 河川と道路データを重ねた表示

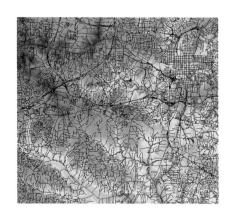

図 4.6 河川・道路・標高データを重ねた表示

この例では，最初に示した土地利用の場合と同じように，土壌カテゴリーごとに表示色を変えています．ベクターデータの場合でも，連続した数値に基づき表示色を変えることも可能です．図 4.8 では地域ごとの世帯数に基づき表示色を当てはめています．

このように連続する数値に基づいた表示の例としては，凡例のサイズをデータの数値にあわせて変更することもあげられます．図 4.9 は，学校の場所を表示するとともに，収容可能人数を円のサイズで表示したものを，地域ごとの世帯素に重ねて表示しています．

さらに，ラスターデータとベクターデータ，さらにはベクターデータの点，線，面といった異なる形式のデータを重ねて表示することも可能です．図 4.10 は，標高データの上に，水域，幹線道路，そして学校の収容可能人数を重ね合わせて表示したものです．

図 4.7 土壌図をカテゴリー分けした表示

図 4.8 統計値による表示

図 4.9 統計値による凡例サイズの変更

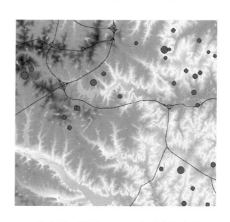

図 4.10 複数のデータを重ねた表示

このように，対象や形式の異なる情報を一括して可視化することにより，その分布や関係を理解しやすくすることが，GIS の基礎的で重要な機能であるということができます．

## 4.3 GIS によるデータの解析

GIS による空間情報処理機能を大まかに分類すると，つぎのようになります．

- 空間的関係に着目した演算：(例) ある地点間の最短経路を検索する（カーナビ）
- 属性に着目した演算：(例) 土地利用ごとに面積を集計する
- データの空間的内挿：(例) アメダスによって観測される気温や降水量のような点情報を，空間的な広がりをもつデータに変換する

ただし，実際の解析の場面では，これらの解析手法を組み合わせて必要な解析を行うことが求められます．現在はオープンソースからプロプライエタリまでさまざまなGISソフトウェアが流通していますが，基本的な解析機能はほとんど変わりません．ここでは，いくつかの代表的な解析手法について紹介します．

## ディゾルブ

この解析は主に面形式のポリゴンデータを対象に実行されるもので，隣接するデータの属性が同じ場合，その境界を消去して一つのポリゴンにします．たとえば，市町村のポリゴンを都道府県のポリゴンに統合する際などに利用されます．ここでは，先ほど示した土壌図を，より大きな分類群に統合した例を示します．図 4.11(a) と図 (b) を比べると，土壌図の分類が統合されていることがわかると思います．この分析を行うためには，統合を行うための鍵となる属性値が定義されていることが必要になります．また，「同じ属性をもっている」という属性に着目した演算と，「境界を消去する」という空間的演算の両方が同時に行われています．

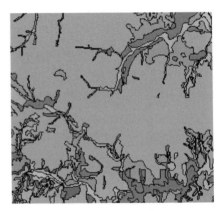

(a) もとの土壌図　　　　　　　　(b) 統合した土壌図

図 4.11　ディゾルブによる境界の消去

## オーバーレイ

この解析は，二つ以上の GIS データを重ね合わせて行う解析です．重ね合わせて生成されたデータは，一般には重ね合わせる前のもともとのデータをそのまま保持しています．たとえば，市町村境界と土地利用の二つのデータを重ね合わせて，市町村ごとの土地利用の面積を集計したり，過去の土地利用と現在の土地利用を重ね合わせ，土地利用の時系列変化を明らかにするといった解析に用いられます．ここでは，図 4.12(a)

に示した流域界のデータと，図 4.11 に示した土壌図のデータを重ね合わせて，流域ごとの土壌図を抽出した例（図 (b)）を示しています．

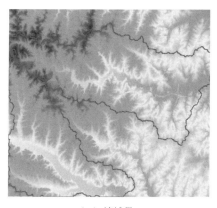 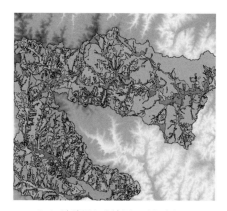

(a) 流域界　　　　　　　　　　　(b) 流域界と土壌図の重ね合わせ

図 4.12　オーバーレイによる抽出

重ね合わせるときの論理的関係性，すなわち論理和（どちらか片方に含まれている場合）を取るのか，論理積（両方に含まれている場合のみを選択するのか）を取るのかによって，異なる分析をすることも可能です．

## バッファー分析

バッファー分析は，対象となる地物から一定範囲内に含まれる地物を抽出する場合や，面積を測る場合などに使われます．まず，対象とする地物から一定の幅をもつバッファーとよばれる図形を発生させます．このバッファーと評価対象となる地物のオーバーレイを行い，対象を抽出します．ここでは例として，水面（図 4.13(a)）から一定距離にある農耕地を抽出しています．まず，水面からバッファーを発生させます（図 (b)）．発生させるバッファーには，属性として距離を与えることも可能です．

つぎに，このバッファーと土地利用図から農耕地を抽出したものを重ね合わせたものが，図 4.14(a) になります．この場合はもとの水面からの距離を属性としてもっているので，距離ごとに面積を集計することも可能です．また，もともとの農耕地の分布（図 (b)）と重ねて表示することにより，どの程度の面積がバッファーに含まれるかを把握することも可能です．

ここでは，ラスター形式のデータを使って例を示しましたが，同様の分析はベクター形式のデータを使って行うこともできます．

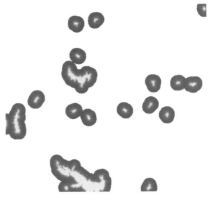

(a) 水面の分布　　　　　　　　(b) 作成されたバッファー

図 4.13　バッファーのもととなる水面の分布と作成されたバッファー

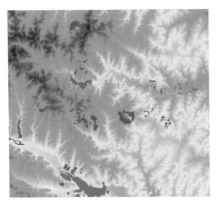

(a) 抽出された農耕地　　　　　　(b) もとの農耕地との重ね合わせ

図 4.14　バッファーにより抽出された農耕地ともとの農耕地の比較

## 経路分析

　任意の地点間の移動経路を計算するのも，GIS の基本的な機能の一つです．二つの地点の間が自由に移動できるのであれば，直線距離が最短移動距離になるのですが，実際には移動手段の制限や障害物の存在などのため，直線にはならないことがほとんどです．たとえば，以下で示すような道路網における経路の検索もその例になります．道路の場合，混雑の状況や最高速度などの，距離以外の要因も考慮することが必要な場合もあります．図 4.15(a) は，対象地域における道路の最高速度の分布を示したもので，黄色，水色そして赤にいくに従い最高時速が高くなります．ここで，旗の立っている地点から，最高速度に基づいた単位時間での到達可能範囲を表示したものが図

(a) 最高速度の分布　　　　　　　(b) 一定時間内に到達可能な範囲と
　　　　　　　　　　　　　　　　　消防署位置（下線）の重ね合わせ

図 4.15　最高速度と単位時間あたりの到達可能範囲（→カラー口絵）

図 4.16　消防署までの最短経路

(b) になります．ここでは例として，消防署の地点も同時に表示しています．

　この到達可能範囲のデータに基づいて，二つの消防署への最短時間路を分析したものが図 4.16 になります．この図のように，道路網を用いた経路検索であっても，距離的に短い直線ではなく，かかる時間がもっとも少ない経路を分析することなどが可能になります．

# 第5章
# 地図データと地理情報の利用事例

 ## 5.1 土地利用変化評価

### ●●● 概要

　土地利用の変化を研究するには，年代の異なる地図を重ね合わせて解析する手法がよく用いられます．可能な限り古い地図を使うと，時代の大きな変化を捉えることができます．その意味でも，明治初期（1880年代）に日本で初めて近代的な手法により測量された地図である**迅速測図**は貴重な資料です（**図 5.1**）．

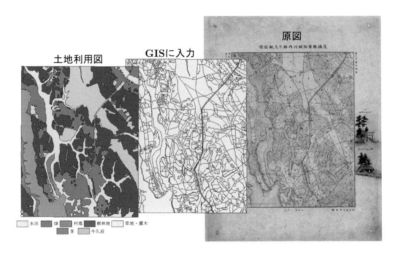

図 5.1　迅速測図（右）をデジタル化し（中央），土地利用図を作成

　しかし，迅速測図は現在の地図との重ね合わせが難しい地図です．平板測量で作成された迅速測図は，かなり精巧に描かれていますが，国土地理院発行の地形図などと比較すると，多少の測量誤差があったようです．また，迅速測図には投影法が適用されておらず，緯度・経度の表示もありません．

　そこで，土地利用変化の定量的な評価を可能にするために，迅速測図と現在の地形図を高精度で重ね合わせる手法，および「茨城縣河内郡牛久驛近傍」を例として環境

省の現存植生図（1980年）との重ね合わせ処理を行い，土地利用変化の傾向を明らかにした事例を紹介します．

● ● ● 解析手順

1. 迅速測図に示されている土地利用境界線をデジタル化したうえで，迅速測図と地形図の間に共通する基準点を選択し，その基準点を利用して現地形図が使用するユニバーサル横メルカトール図法に迅速測図を幾何補正します．

2. 測量誤差によって生じた地図の歪みによって残るずれを，ラバー・シーティングでさらに補正します．とくに，水田など細長い地目はラバー・シーティングが必要です（図 5.2）．
　　——ラバー・シーティング法とは，GIS で地図を細かく摘んだり引き伸ばしたりする方法です．

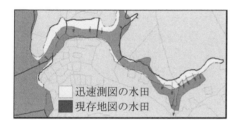

（a）ラバー・シーティング前　　　（b）ラバー・シーティング後

図 5.2　ラバー・シーティングによる迅速測図の補正

● ● ● 結果

1880 年代の牛久では，畑や水田などの農地とともに，林地や草地の農村的土地利用が大部分でした．迅速測図と植生図を重ね合わせた結果（図 5.3），1880 年代から 1980 年代の土地利用は，無変化（図幅面積の 35 %），都市，造成地など都市的土地利用への変化（同 37 %），そのほかの田畑，林地，草地，緑の多い住宅地など農村的土地利用への変化（同 28 %）の三つの傾向にまとめられました．

一方，土地利用変化を迅速測図の地目ごとにみると，水田の 58 %，畑の 44 %が無変化ですが，林地の 48 %と草地の 62 %は都市的土地利用に変化していました（図 5.4）．また，それぞれの地目から，ほかの農村的土地利用への変化も 21～38 %認められ，農村的土地利用も固定されているものではなく，柔軟に変化していることがわかりました．

とくに，明治初期までさかのぼることにより，草地が肥料などの供給地として農業景観の重要な構成要素であったことが確認できます．牛久地域の草地は 14 %を占め

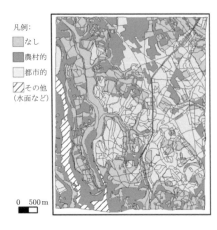
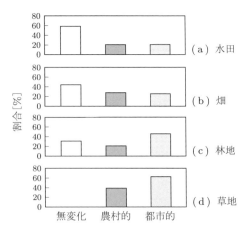

図 5.3 土地利用変化の概要　　図 5.4 地目ごとの土地利用変化

ていましたが，100年の間にほとんど消失しています（**図 5.4**）．茨城県南部の牛久地域の過去100年間の土地利用変化の特徴は，草地，林地の都市的土地利用への変化と，草地の消滅にみられました．

##  5.2　生物生息地の連続性評価

### ● ● ● 概要

　近年，サル，シカ，イノシシ，クマなどの野生獣類による農作物被害が深刻な問題となっており，その被害防除や軽減は重要な課題になっています．一方で，これらの野生獣類のなかには，日本の固有種や希少な地域個体群などが含まれる場合もあり，保護と管理が一体となった対策の実施が求められています．このような農作物被害の増加の原因として，野生獣類の分布域の拡大や，農村周辺環境の管理放棄に伴う生息環境としての好適化があげられます．このことは，保護管理や被害防除を行うにあたって，野生生物がどのような場所を利用し，移動するのかを評価する必要性を示しています．従来，野生生物の生息地評価にはGAP分析やHEP (habitat evaluation procedure) などが用いられてきましたが，これらの手法は生息地の質や量を評価する手法であり，その配置や面積，形状などの空間構造が，農地周辺での行動や生息域拡大に及ぼす影響を評価する手法は確立されていません．そこで本節では，とくに生息域の拡大に注目して，移動のしにくさを評価するGIS分析手法の一つである「累積コスト法」を用いた評価事例として，1970年代から1980年代半ばにかけての房総半島におけるニホンザルの生息域拡大過程の解析を紹介します．

### ●●● 解析手法

　野生生物の移動や生息域拡大過程では，分布の拡大や移動が均一でなく，不均一に偏って進む場合が多くみられます．このことは，土地利用ごとに移動のしやすさ・しにくさが存在し，移動や分布拡大過程や経路に影響を与えていることを暗示しています．そこで，この移動のしにくさを「コスト値」として定義します．この土地利用ごとに設定されるコスト値と，土地利用ごとの距離との積を「コスト距離」とします．すなわち，図 5.5 に示すように，土地利用の配置によっては，単純距離では長い経路が，移動のしやすさという点では短くなることがあります．

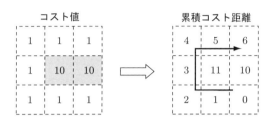

図 5.5　コスト距離の概念図

### ●●● 解析手順

1. 房総丘陵を対象に，ニホンザルの分布の変遷に関するアンケート調査を行い，さらに，房総丘陵ニホンザル調査隊 (1972) の報告から 1970 年代初頭における生息確認地点を，千葉県環境部自然保護課 (1989) および千葉県自然環境部・房総のサル管理調査会 (2000) の報告から 1980 年代半ばにおける生息および非生息確認地点を把握し，現在までの分布を 500 m メッシュで把握します（図 5.6）．

2. 環境省の自然環境 GIS（第 3 回植生調査）を読み替えて土地利用図を作製し，土地利用地目ごとにコスト値を与えます．
　　——その際，すべての土地利用のコスト値を 1 とした場合と，土地利用ごとにコスト値を変えた場合の 2 通りを検討します．

3. 1985 年における分布の有無を目的変数，1970 年における分布地点からの累積コスト距離を説明変数としてロジスティック回帰分析を行い，コスト値が同じ場合と，土地利用ごとにコスト値を変えた場合のモデル比較を，赤池情報量基準 (AIC) を用いて行います．
　　——累積コスト値の算出にはオープンソースの GIS ソフトウェアである「GRASS」を用い，ロジスティック回帰分析および AIC の算出には同じくオープンソースの統計ソフト「R」を用いました．

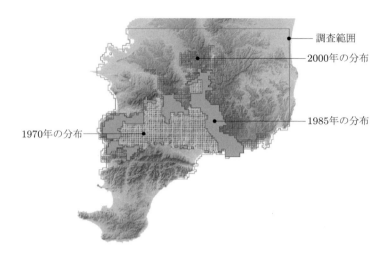

図 5.6 調査対象地域とニホンザルの分布の変化

● ● ● 結果

コスト値の違いによる AIC の違いを表 5.1 に示します．まず，すべてのコスト値が同じ場合（パターン 1）に比べ，コスト距離を用いた場合（パターン 2）で AIC が小さく，回帰分析の当てはまりがよくなりました．このことは，ニホンザルの分布拡大過程において，土地利用の影響が有意であることを示しています．

つぎに，コスト値は樹林地などで低く，畑や水田などの農耕地，ゴルフ場や草地などの開放的な空間および住宅地で高い傾向が認められました．この地域に分布するニ

表 5.1 土地利用ごとのコスト値と AIC

| 土地利用 | コスト値 ||
| --- | --- | --- |
|  | パターン 1 | パターン 2 |
| 常緑広葉樹 | 1 | 1 |
| 落葉広葉樹 | 1 | 1 |
| 常緑針葉樹 | 1 | 5 |
| 樹木畑 | 1 | 5 |
| ササ・タケ類 | 1 | 10 |
| 草地・ゴルフ場 | 1 | 10 |
| 畑 | 1 | 20 |
| 水田 | 1 | 20 |
| 湿性植生 | 1 | 20 |
| 造成地・荒れ地 | 1 | 30 |
| 住宅地 | 1 | 30 |
| AIC | 2567 | 2034 |

ホンザルは，農耕地に出没し，農作物被害を起こしていますが，それにもかかわらず，農耕地のコスト値が大きくなりました．このことは，対象とする行動と空間スケールによって，同じ土地利用でもコスト値が異なることを示唆しています．

1970年代に生息が確認された地点からのコスト距離図と単純距離図の比較を図 **5.7** に示しました．この図より，コスト距離が遠い地点に拡大しにくく，近い地点が拡大しやすいといえます．分析対象地域の南部には，直線距離が近いにもかかわらず生息域の拡大が認められません．この地域は水田や住宅地が密集し，コスト距離が遠くなっています．このように累積コスト値を使うことにより，土地利用の配置と特性を考慮した評価を行うことができました．これらの評価図は，複数の市町村を対象とする広域を対象としたニホンザルの生息域変動の予測に活用することが期待されます．

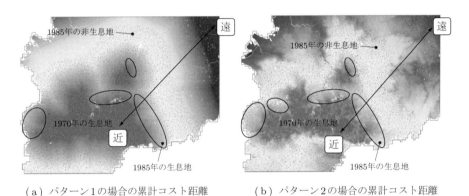

(a) パターン1の場合の累計コスト距離　　(b) パターン2の場合の累計コスト距離

図 5.7　累積コスト図とニホンザルの分布変化 (→カラー口絵)

本モデルのコスト値では，森林などの閉鎖的な環境はコスト値が低く，分布が拡大しやすい環境であることが明らかになりました．一方で，広葉樹よりも針葉樹のコスト値が高くなったのは，エサ資源が十分ではなく，生息環境としてはそれほど適していないためだと考えられます．また，農耕地や住宅地などはコスト値が高くなりましたが，これはあくまで分布拡大を評価した場合のコスト値であるので，獣害が発生しにくいという意味ではありません．本手法はほかのさまざまな生物生息地の連続性評価にも応用が期待できます．

以上のように，GISにより得られる情報は野生生物の生息範囲拡大の推定や，獣害の予測や防除に有効な情報を供給することができ，鳥獣害防除の実施の省力化，効率化や計画策定に貢献できると考えられます．

##  5.3 農業生態系空間情報解析

● ● ● 概要

自然と調和した農業生態系管理のためには，農耕地の生産機能とともに生態的役割や環境負荷を，自然立地条件および土地利用・水利・作物栽培状況などの異なる地域空間のなかで総合的に捉えることが不可欠です．そのため，地理情報システム (GIS) を活用して，衛星画像や行政的な統計調査データ（センサスデータ）を含む農耕地・環境にかかわる多様な情報を高い空間解像度で一元的に集積・管理し，それによって流域圏スケールで問題を把握・評価・予測するための汎用的な空間情報プラットフォームの開発が求められていました．

そこで，筆者らは，わが国の全流域圏・全農耕地をカバーする汎用的な農業生態系空間情報解析システム（GSAS: geo-spatial agro-ecosystem simulator）を構築しました（図 **5.8**）．

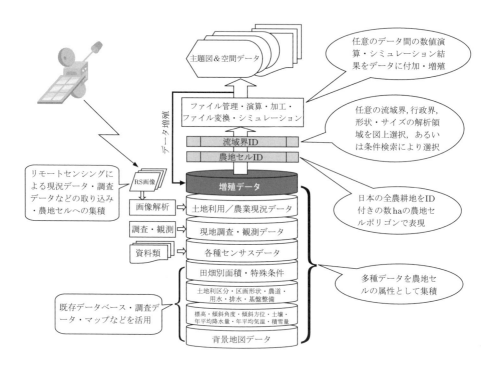

図 5.8　農業生態系空間情報システム GSAS の構造

GSAS はつぎのような特徴をもっています．

(1) 全国全流域圏の全農耕地をカバーする．

(2) 圃場境界に沿った 1 区画約数 ha の農地区画（セル）を基本的なデータ集積単位とする．

(3) 自然立地データ（標高・傾斜・気温・降水量・土壌など），圃場基盤データ（用排水条件・田畑面積など），統計調査データなどを総合的に集積する．

(4) 流域界だけでなく，行政界などの一般地図情報を含む．

(5) 解析目的に適した任意の衛星画像などを取り込んで，現況画像情報（作付状態・植生指数など）をセルごとの属性データとして集積することが可能．

(6) シミュレーション結果をセルごとに追加し，自己増殖する．

これにより，全国の任意の河川流域界・行政界，任意の形状・サイズや検索条件を用いて領域を選択し，抽出したセルの属性データに基づいた諸変量のスケーリングアップ・ダウンやシミュレーションを行うことが可能です（図 5.9）．

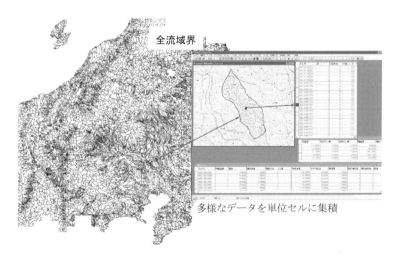

図 5.9　GSAS 上で選択表示した本州中央部の全流域界と 1 流域圏内の農地セルポリゴンおよびその属性データの一例

自然と調和し環境負荷の少ない流域圏管理法を構築するうえで，農業の水質への影響は最重要項目の一つです．GSAS は施肥窒素の地下水質に対する簡易・広域影響評価（図 5.10 に試算図を例示）などに適用され，その機能を発揮します．この例では，

農作物の作目ごとの施肥量や利用効率などの統計データを空間的に1〜2 ha の微細なポリゴンごとに算定し，単位土地面積あたりの窒素負荷量を求めています．その空間的な集積値が，各地域で採取された井水の硝酸態窒素分析データと密接に関係していることを図は示しています．このような方法は，地下水汚染リスクを広域的に見通すうえで役立ちます．

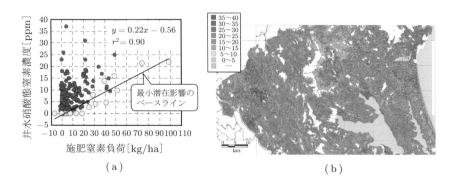

図 5.10　GSAS を用いた試算例：井水硝酸態窒素に対する施肥窒素負荷の最小潜在影響のベースラインと，それによる農地セル単位での県全域マッピング．最小潜在影響ベースラインは茨城県全域における 2000 年の施肥窒素負荷と 2000〜2004 年の井水硝酸態窒素濃度実測データの対比図（図 (a)）における区間最小値に値する回帰直線として導出．（→カラー口絵）

このシステムは，農耕地の作物生産機能や生態的役割，環境負荷など，農業と環境にかかわる諸問題の空間的な把握・分析・予測に有用で，それによる意思決定や改善シナリオ策定の支援など多くの場面に貢献します．汎用的な空間情報プラットフォームとして，多方面の共同研究の基盤ツールとしても活用できます．

##  5.4　洪水発生地帯の地名と地形の空間解析

### ●●● 概要

地名は災害履歴を表していることがあります．古語や伝承から来た地名の例として，関東地方では鬼怒川があります．一般に，「オニ」は荒々しい侵食地形や崖崩れ地を指し，しばしば過去に恐ろしいこと（土砂崩れや津波など）が起こった場所につけられます．しかし，鬼怒川の「キヌ」は①草木のある野（ケヌの転訛）で，「ケ」は草木の総称，「ヌ」は野や沼の意ですし，②鬼怒川は「樹の笠」という説もあります．この「カサ」は川の上流のほう，上手の意です．

千葉県野田市の「ノダ」は，湿地，沼地の意の「ノタ」が転訛したもので，氾濫河

川の水害地名でもあります．湿地でかつて河川が氾濫した扇状地に多く，シルトまたは赤土・粘土混じり砂質土のため地震時には液状化の危険地で，「ニタ」や「ヌタ」も同義語です．

　さて，茨城県常総市には大生郷町（おおのごうまち）という地名があります．「オオ」は神武天皇の皇子の神八井耳命（かむやいみみのみこと）の子孫の名で（古事記），意富（日本書紀では多）臣，火君，大分君，阿蘇君，筑紫の三家連，科野国造（しなの），常道の仲国造（ひたち）ほか 19 氏があります．この一族は日本全国に散らばっており，静岡県磐田市おほの浦（於保，飯宝，飫宝，大），茨城県行方郡潮来町大生原（おおう）ほか，多くの地名が残っています．彼らの居住地では稲作が営まれ，収穫が多かったため，多，飯富，飫富の字を当てたようです．

　変わったところでは，千葉県浦安市の猫実（ねこざね）という地名があります．ここは，鎌倉時代に大津波に襲われ，住民が集落を守るために堤防を築き，その上に大きな松の木を植えました．この松の根を波が越さないようにという願いから「根越さね（ねこさね）」とよばれ，それが地名になり，「猫実」に転訛したものです．茨城県坂東市にも猫実があり，同じ由来（豪雨時洪水危険地）かもしれません．

　このようにさまざまな由来をもつ地名がありますが，それらはつぎのように分類することができます．

(1) 山河のような地形や気候，生物，鉱物，方角，景観その他の自然的環境（自然地名）

(2) 条里条坊制や律令制，城下町その他の政治的環境（行政地名）

(3) 市場や職業，開墾・開作・新開地，子村・支村，一時的居住地の常住化，宗教その他（生活地名）

(4) 支配者の居住地，渡来人の居住地，開田町人の屋号その他人名（人名地名）

(5) 漢字地名表記や漢字二文字化，佳字化・美称化，合併による合成その他の人為的環境（人為地名）

　本節では，2015 年の鬼怒川浸水地域の茨城県常総市と周辺を対象に，上記 (1) に基づく水害関連地名と地形の空間解析を紹介します．ほぼ全域が鬼怒川と小貝川の氾濫原です．

● ● ●解析方法

地名の調査には下記を用いました．

・「民俗地名語彙事典」[15]：民俗学的見地から地名を集めたもの

- 「あぶない地名」[14]：災害復旧工事や防災工事の現場と地名との関係をまとめている
- 「地名は災害を警告する」[4]：既存文献から災害をキーワードに構成している（補完資料として使用）
- 「迅速測図（インターネット版）」：明治初期製作の地図（歴史的地名が残っている字（小字）を検出するために使用）
- 2015年9月の浸水範囲図[8, 9]：水害危険地を確認するため
- 5mメッシュの数値標高モデル（DEM）[7]：水害関連地名の地形を解析するため

#### 解析手順

図 5.11 に解析の流れを示します．

1. 文献を参照して，水に関する災害に由来する地名を抽出します．

   ——水に関する災害は洪水，浸水，湛水，（平野部の）土石流，川岸侵食，土手・堤防の決壊を対象としました．比較的安全な土手や堤，自然堤防，高台（河岸段丘上，平らな丘陵地）も安全地名として抽出しました．

2. 対象地域の迅速測図を参照して，明治時代の集落名から前出の水に関する災害に由来する地名と安全地名を抽出します．

3. 地名の場所を 2015 年 9 月の浸水範囲図上にプロットして水害危険地を確認します．

4. 5mメッシュの数値標高モデルに地名の場所を重ねて，地形の空間解析を行います．

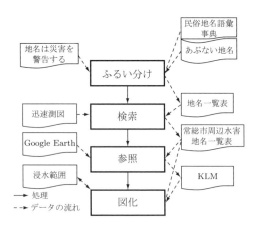

図 5.11　解析の流れ

5.4 洪水発生地帯の地名と地形の空間解析　123

●●●結果

　文献から抽出した水害関連地名と安全地名のうち，迅速測図からも抽出された地名を表5.2に示します（重複を含む）．ここで重複を含むのは「トイ」「ドイ」のように①堤，土手（周囲より安全な地名），②自然堤防の後背湿地（水害危険地名）と，複数の意味をもつものがあるためです．

　日本は降水量が多く，それによる水害も多いため，洪水や浸水に由来する地名が多いと推察されました．対象地域での水害関連地名の分布を図5.12に示します．「民俗地名語彙事典」と「あぶない地名」でともに水害関連地名として挙がっていたのは「アイ」（低地，川の合流点），「アシ」（葦から元沼地で，佳字化・美称化して「ヨシ」），「カ

表5.2　水に関連する災害と安全地帯を意味する名前をもつ地名．常総市の地名は市名を省略．下線は，「民族地名語彙事典」掲載，「あぶない地名」掲載，両者に掲載を表す．

| 災害／安全 | 常総市とその周辺地名 |
|---|---|
| 水害 | 相野谷町(<u>アイ</u>ノヤ)，内守谷町(<u>ウチモリヤ</u>)，沖新田町(<u>オキシンデン</u>)，水海道川又町(<u>カ</u>ワマタ)，曲田(マガッタ←クマタの転訛？)，古間木(フルマギ←<u>コマキ</u>の転訛？)，<u>古間木</u>沼新田(<u>ヌマ</u>シンデン)，上蛇町(ジョウジャ)，菅生町(<u>スガ</u>オ)，横曽根新田町，旧横曾根村(ヨコゾネ)，大房(<u>ダイ</u>(←デーの転訛？)ボウ)，中<u>沼</u>，飯<u>沼</u>，東野原(トウノハラ)，福二町(フクジ：旧福田村と旧福崎村)，蔵持(<u>クラモチ</u>)，大輪町(オオワ) |
| | つくば市吉<u>沼</u>(ヨシ←<u>アシ</u>の転訛)，高野(<u>コウヤ</u>)，高須賀(<u>スカ</u>)，鍋<u>沼</u>新田，守谷市板戸井(<u>イタトイ</u>)，坂東市内野山，幸田(<u>コウダ</u>)，<u>幸田</u>新田，神田山(カドヤマ←コタヤマの転訛？)，大谷口，八千代町仁江戸(<u>ニエド</u>)，つくばみらい市押砂(<u>オシズナ</u>)，台(<u>ダイ</u>(←デーの転訛？：旧基村)，上長<u>沼</u>，下長<u>沼</u>，北袋(キタ<u>フクロ</u>)，古川(フルカワ)，下妻市亀崎(<u>カメ</u>ザキ)，加養(カヨウ←カヤの転訛？)，<u>宗道</u>，本宗道(ソウドウ←ソウミチ，ソウドの転訛？)，見田(<u>ミタ</u>) |
| 崩壊 | 内守谷町(<u>ウチ モリヤ</u>)，蔵持(<u>クラ モチ</u>)，上蛇町，杉山(旧<u>杉</u>山)，長助町(<u>チョウ スケ</u>)，平内，花島町(<u>ハナ</u>シマ)，羽生町(ハニュウ←ハブの転訛？)，福二町(フクジ：旧福田村と旧福崎村)，水海道森下町(<u>モリ</u>シタ) |
| | つくば市吉<u>沼</u>(ヨシ←<u>アシ</u>の転訛？)，田倉(<u>タクラ</u>)，守谷市板戸井(<u>イタトイ</u>←<u>イタドリ</u>の転訛？)，坂東市内野山，沓掛(<u>クツカケ</u>)，下妻市鎌庭(<u>カマニワ</u>)，亀崎(<u>カメ</u>ザキ)，下栗(シモグリ)，樋橋(<u>ヒバシ</u>←トイバシの転訛？)，見田(<u>ミタ</u>)，鯨(<u>クジラ</u>)，猿島郡(<u>サシマ</u>)，つくばみらい市押砂(<u>オシズナ</u>)，杉下 |
| 土石流 | 大沢(オオサワ)，古間木(フルマギ)，古間木沼新田 |
| | つくばみらい市欅木(ツキヌキ)，真木(マギ) |
| 安全 | 飯沼(イーヌマ)，横曽根新田町，旧横曾根村，<u>大房</u>，羽生町(ハニュウ←ハブの転訛？)，大輪町 |
| | つくば市安食(<u>アジキ</u>)，下妻市宗道，本宗道(ソウドウ←ソウミチ，ソウドの転訛？)，つくばみらい市台(<u>ダイ</u>←デーの転訛？：旧基村)，坂東市大馬(旧大濱：オオハマ)新田 |

124　第5章　地図データと地理情報の利用事例

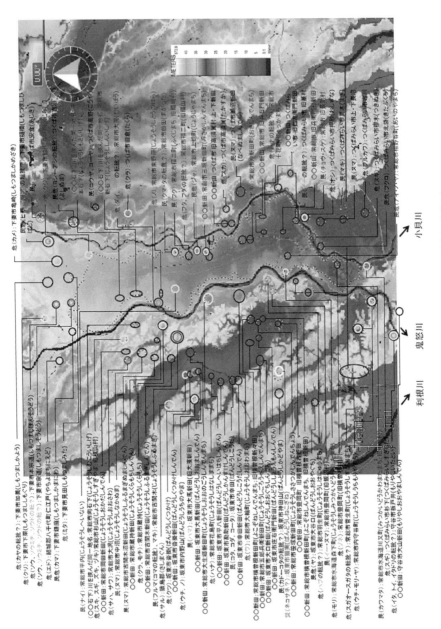

図5.12　DEM上に示した水害関連地名の分布．破線で囲まれた部分は洪水浸水範囲．

マ」(挟られた所),「ジャ」(土石流),「スカ」(「スガ」, 川沿いの砂地, 侵食部),「ソネ」(自然堤防),「トイ」(「ドイ」, 自然堤防, 後背湿地, 崩壊地形),「フクロ」(水に囲まれた袋状地形),「ヤ」(湿地) の9個でした. そのうちの「カマ」「ソネ」「トイ」を図5.13～5.15に示します. また,「○○新田」は, 湿地だった所を開拓しているので, 水が溜まりやすい場所です. 鬼怒川の両岸には,「○○石下」という地名がありますが, このような地名は流路変更を起こす河川の両岸によく見られます. もとは同じ地名の一つの集落だったものが河川の流路変更で分断されたため異なる地名になったもので, 水害危険地を示しています. 本節で周囲より安全とした地名は自然堤防上の微高地にあるため, 浸水地域内にあっても比較的浸水深の浅かったところでした.

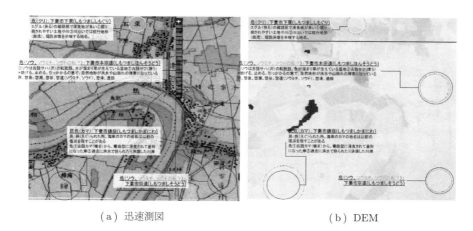

(a) 迅速測図　　　　　　　　　　　(b) DEM

図5.13　挟られたところを表す侵食地名の「カマ」の例 (下妻市鎌庭周辺)

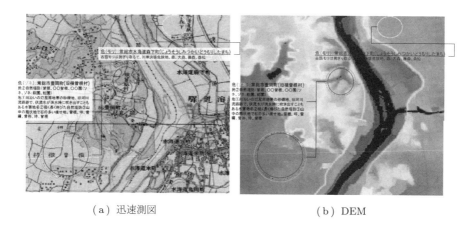

(a) 迅速測図　　　　　　　　　　　(b) DEM

図5.14　自然堤防で安全地名の「ソネ」の例 (常総市旧横曽根村周辺)

126　第 5 章　地図データと地理情報の利用事例

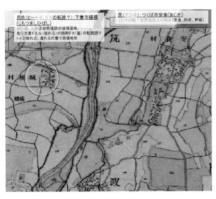 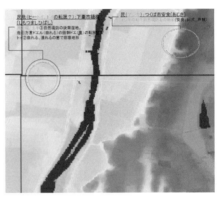

　　　　　　（a）迅速測図　　　　　　　　　　　　　（b）DEM

図 5.15　後背湿地または崩壊地名の「トイ」と安全地名の「アジキ」の例（下妻市樋橋とつくば市安食周辺）

# 参考文献

[1] 房総丘陵ニホンザル調査隊：房総丘陵におけるニホンザル野生群の分布 I．1972 年春季一誠調査報告．東京大学農学部演習林・京都大学霊長類研究所，p.24, 1972.

[2] 千葉県環境部自然保護課：房総半島野生猿現状調査報告．p.54, 1989.

[3] 千葉県自然環境部・房総のサル管理調査会：平成 11 年度房総半島における野生猿管理対策調査研究事業報告書．p.120, 2000.

[4] 遠藤宏之：地名は災害を警告する．技術評論社，2013.

[5] Inoue, Y., Dabrowska-Zierinska, K., Qi, J.：Synoptic assessment of environmental impact of agricultural management：a case study on nitrogen fertilizer impact on groundwater quality, using a fine-scale geoinformation system. Int. J. Environ. Studies, 69(3), pp.443–460, 2012.

[6] 岩崎亘典，デイビッド S. スプレイグ：明治初期の関東地方の土地利用をインターネットで閲覧可能に ―歴史的農業環境閲覧システムの開発―．農環研ニュース，79, pp.7–8, 2008.

[7] 国土地理院：基盤地図情報ダウンロードサービス
https://fgd.gsi.go.jp/download/menu.php

[8] 国土地理院：平成 27 年 9 月関東・東北豪雨に係る茨城県常総地区の推定浸水範囲の変化（9 月 11 日 13:00 時点，13 日 10:40 時点，14 日 9:30 時点，15 日 10:30 時点，16 日 10:20 時点）．2015. http://www.gsi.go.jp/common/000107669.pdf

[9] 国土地理院：平成 27 年 9 月関東・東北豪雨に係る茨城県常総地区推定浸水範囲（9 月 12 日 15:30 時点までに浸水した範囲）．2015. http://www.gsi.go.jp/common/000107674.pdf

[10] 町田聡：GIS・地理情報システム―入門＆マスター．山海堂，2004.

[11] 村井俊治，布施孝志 編：改訂版 GIS ワークブック．日本測量協会，2007.

[12] 村山祐司，柴崎亮介 編：ビジネス・行政のための GIS（シリーズ GIS）．朝倉書店，2008.

[13] 内閣府：政府広報 みんなの力を，防災の力に．―地名があらわす災害の歴史
https://www.gov-online.go.jp/cam/bousai2017/city/name.html

[14] 小川豊：あぶない地名．三一書房，2012.

[15] 谷川健一 編：民俗地名語彙辞典（上）（下）．三一書房，1994.

# Part III　GPS：全地球測位システム

## はじめに：位置情報のパワーを発揮させる技術 — GPS

### どう使えてどう便利か：昨日・先週・去年行った場所を覚えていますか？

　一日の仕事を終えてから帰宅して，その日に行ったところを思い返すことはありませんか．それらの場所は何日ぐらい覚えていますか．あるいは，その順番を覚えていますか．一か月後になって，作業をした場所の位置を正確に地図に書いてくださいと頼まれても，書くことはできるでしょうか．ふつうはよほど印象に残るような場所以外は，忘れているでしょう．毎日の作業がまったく同じ場所ならば，その位置を改めて記録する必要はないかもしれませんが，農林業に携わる方々の多くは多数の場所で作業をしたり，観察をしたり，記録を取ることがあると思います．

　日々の仕事の場所を簡単に，かつ正確に記録する技術は，すでに身近に存在します．それは，カーナビでお馴染みの GPS です．

　GPS とは英語の Global Positioning System の略で，日本語では**全地球測位システム**といいます．ご存知のとおり，約 20,000 km 上空にある 24 機（2014 年時点で 32 機）の人工衛星から送信される電波を受信して，位置を測位する技術です．GPS を農業の現場で使いこなすことにより，筆記メモや写真に加えて，位置情報を記録することができます．

　なお，最近は人工衛星を用いた全地球規模の測位システムが複数運用されるようになりましたので，それらを総称して GNSS (Global Navigation Satellite System) とよぶことが多くなっています．米国の GPS に続いて，EU の Galileo，ロシアの GLONASS，インドの IRNSS，中国の北斗，日本の QZSS（準天頂衛星システム）などの運用が開始されています．日本の QZSS は主に日本周辺国向けの地域航法衛星システムです．2018 年までに 4 基の「みちびき」衛星が打ち上げられており，日本上空に常時 1 基以上を配置することによって，GPS を補完する形で高精度測位を実現するものです．

　ここでは，すでに長らく民生使用され，多くの目的に実用化が進んでいる GPS について詳しく紹介します．

### GPS はどんな場面で役に立つか：まず，持っていこう！

　GPS 装置にはいろいろな種類があります．たとえば，新型の携帯電話ならば，ほとんどの機種に GPS が搭載されています．そのほかにもさまざまな種類の GPS が販売されています．以下で GPS 機種についてより詳細に紹介しますが，まずは，農業の現場における便利な GPS の使い方を提案したいと思います．

# 第6章
# GPSの基礎

　GPSを使いこなすために便利なGPSの技術的な仕様について説明します．まずは，GPSとは具体的に何を記録する装置かからはじめます．

##  6.1　GPSが記録する基本的な情報

　**位置情報**：GPSを箱から出した状態では，位置情報を緯度・経度で測位します．しかし，オプションとして，ほかの地図座標で位置情報を記録する機種も存在しますので，目的に合わせて位置情報の種類を選んでください．

　**時間**：GPSは位置とともに必ず時間を記録します．時間帯は，箱から出した状態では日本標準時間に設定されている機種も多いですが，世界標準時間（UTC，すなわちグリニッジ標準時間）となる場合があります．GPSの購入時に，当初の時間記録がどちらなのか確認しておくことをお勧めします．オプションで時間記録の種類を選べる機種が多いです．

　**そのほかの移動情報**：GPSは測位地点の標高，測位位置の間の移動方位と速度など，移動にかかわる情報を計算しています．ただし，画面に表示するだけで，記録に残さない機種もあれば，逆に記録はしても画面表示がない機種もあります．

　**詳細GPS情報**：機種によっては，GPS測位にかかわる詳細な情報を提供します．測定値の推定誤差（DOP），測位に使用されている人工衛星の数，識別番号（ID），方位，高度，電波強度などです．これらは，記録されなくても，GPSの画面に表示される機種が多いです．

##  6.2　記録方法

(1) ウェイポイント (waypoint)：GPSの位置記録ボタンを押して記録する，1地点のみの記録．

(2) トラックログ (track log)：一定間隔で継続的に位置情報を測位して取得され

る経路の記録．測位の間隔はオプションで選べる．

(3) GIS ファイル：GIS ソフトがすぐに読める形式のファイルで，点，線，またはポリゴン情報として記録する．GIS 業界標準のファイル形式であるシェープファイルが記録される場合が多い．

位置情報を記録する機種の場合，通常はウェイポイントとトラックログをオプションとして選択できます（図 6.1）．GIS データとして記録するには，やや高価な機種やソフトが必要となるでしょう．また，機種によっては，GPS 上の操作ボタンを押すことにより，位置情報に簡単なメモを加えることが可能です．筆記メモと合わせて，作業の記録として使用できます．

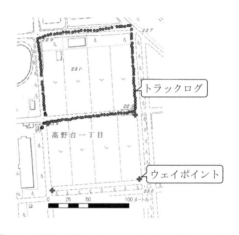

図 6.1　圃場で測位したウェイポイントとトラックログ

## 6.3　GPS の使い方

条件がよい場合，一般向けの GPS は正しい位置から数メートル以内の位置を測位します．条件が悪いと数十メートルはおろか数百メートルも外れた位置を測位してしまうこともあります．

以下では，GPS のスイッチを入れてからの手順として，質の高い位置情報を取得する方法を説明します．ハンドヘルド型 GPS（7.1 節参照）の画面を見ながらの操作を前提に説明しますが，原理はほかの GPS も同じです．

(1) スイッチを入れてから，位置を記録するまでしばらく待つ．

　　GPS は地球の周りを飛んでいる人工衛星からの電波を受信して測位します．と

いうことは，いわずとも，屋外の空が見える場所で，人工衛星を探知する必要があります．GPSは電源スイッチを入れた時点から衛星を探し始めますが，それに数分かかることもあります．GPSがしっかりと衛星を探知するまで待ちましょう．待つ時間が惜しいならば，作業中はGPSのスイッチを入れたままにしておいてください．GPSの画面を見ていると，衛星を探知し，その衛星が上空のどこにいるかが表示されます（図6.2）．各衛星には識別番号が付与されていて，どの衛星から電波を受信しているかはGPSの画面で確認できます．画面を眺めながら，衛星を探知していく様子を確認しましょう．

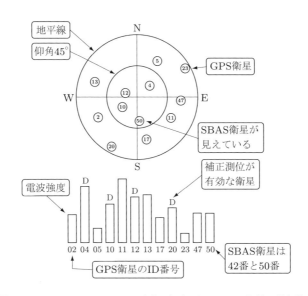

図6.2 ハンドヘルドGPSの画面に表示されるGPS衛星の詳細情報

(2) GPS衛星が複数探知されるまで待つ．

GPSは複数の人工衛星からの電波を受信して，三角測量に似た計算を行い，位置を測位します．測位値を得るには最低で3機の衛星が必要ですが，精度よい測位には4機以上の衛星が必要で，探知衛星数が多いほど，測位の計算が正確になります．GPSの画面を見ながら，最低でも4機の衛星が探知されるまで待ちましょう．

(3) 障害物を避けて，GPSを使う時と場所を選ぶ．

近年，GPS装置が衛星からの電波を受信する感度が非常によくなってきました．かつては森林では測位ができませんでしたが，最新のGPSは森林内におい

ても問題なく測位をします．とはいうものの，障害物は衛星からの電波を劣化させますので，可能な限り，GPS のアンテナに手を被せたりせず，衛星からの電波を遮る建物や大木のような障害物は避けましょう．

　GPS 測位にとってもっとも悪い場所は（屋内を除いて），なんらかの「谷間」です．ビルの谷間と山間の沢底は，いずれも空が見えません．谷間での測位が必要な場合は，有効な手立てはあまりないですが，以下の二つを心がけましょう．まず，あらかじめ，空がよく見える場所で GPS のスイッチを入れて，衛星が十分探知されるまで待ちます．つぎに，GPS 衛星が空の高い位置を飛んでいる時間帯に測位を試みてください．GPS 衛星がどこを飛んでいるかは GPS 画面に表示されています．また，機種や GPS 管理ソフトによっては，GPS 衛星の軌道から，衛星が頭上に位置する時間が予測できるので，作業をする予定がたてられます．

(4) SBAS 機能を有効にして，補正衛星を探す．

　GPS 衛星からの電波は大気の状況や天候によって歪むために，測位精度が劣化します．しかし，歪みを補正するデータを測位計算に加えることによって，測位精度を向上させることができます．近年，この補正データは公共サービスとして人工衛星から発信されています．一般向けの GPS で受信することも可能になりました．この補正機能を総称で SBAS（日本では MSAS）といいます．SBAS に関する用語が乱立していますので，**表 6.1** をご覧ください．

　GPS ユーザーにとって重要な点は，GPS 装置の SBAS 機能がオンになっていることを確認したうえで，GPS の画面に表示される衛星情報から，補正データを発信している SBAS 衛星が見えているかを確認することです．日本の上空の SBAS 衛星は 42 番と 50 番です．SBAS 衛星はふつうの GPS 衛星と異なり，静止衛星なので，南の空の一定の高さに位置しています．その高さは測位地点の緯度によって異なりますが，**表 6.2** を参考に，SBAS 衛星を探してください．

　補正データを測位計算に加える機能を DGPS (differential GPS) といいます．SBAS が有効な状態では，GPS の画面に「D」の文字など，DGPS 測位が成功

表 6.1　補正データ送信衛星に関する用語

| | |
|---|---|
| SBAS | 人工衛星から GPS 補正測位データを放送するシステムの総称． |
| WAAS | 米国の SBAS システム．外国製の GPS は，SBAS 機能を選択する際，「WAAS ON」と機能選択画面に表示される機種が多いですが，MSAS と同じ意味なので，日本で SBAS 機能を使用する場合も，WAAS を選択します． |
| MSAS | 日本の SBAS システム．日本が打ち上げた運輸多目的衛星 MTSAT から補正電波が発信されています． |

していることが表示されます（図 **6.2** 参照）．高精度な位置情報が必要な場合は，DGPS が有効になるまで待ちましょう．

表 6.2　観察者の緯度による SBAS 衛星などの静止衛星の仰角の違い

| 緯度 [度] | 仰角 [度] | 緯度 [度] | 仰角 [度] |
|---|---|---|---|
| 45 | 38.2 | 34 | 50.5 |
| 44 | 39.3 | 33 | 51.6 |
| 43 | 40.4 | 32 | 52.7 |
| 42 | 41.5 | 31 | 53.9 |
| 41 | 42.6 | 30 | 55.0 |
| 40 | 43.7 | 29 | 56.2 |
| 39 | 44.8 | 28 | 57.3 |
| 38 | 46.0 | 27 | 58.5 |
| 37 | 47.1 | 26 | 59.6 |
| 36 | 48.2 | 25 | 60.8 |
| 35 | 49.3 | 24 | 61.9 |

## コラム ⑪　悪い GPS データの例

　悪い GPS データの例を示しました．これは，筆者の研究室の窓際においたロガー型 GPS で取得した測位値です．非常に感度のよい GPS なので，屋内でも測位に成功しています．しかし，測位値は東西で約 75 メートル，南北で約 190 メートルも振れています．もちろん，測位中は GPS を動かしていません．この章で紹介した，質の高い GPS データを取得する方法を無視すると，このように大きく外れた測位値を記録してしまうことがあります．この場合，以下の理由で質の悪い GPS 測位になりました．

(1) 空がほとんど見えず，見えている空は GPS 衛星が少ない北方向のみ．

(2) 見えていない衛星からの電波は建物に反射したり，周りを迂回したりして窓に入ってくるので，誤ったデータになっている．

(3) 見えている衛星は主に東西に低い角度に位置するので，衛星の配置としては偏っていて，南北方向の測位ができない．

これらの要因が重なると，測位位置が不安定になるだけでなく，この例のように，特定方向に大きく振れることがあります．正確な位置情報を取得するためには，可能な限りよい条件で測位を試みることを勧めます．

# 第7章
# GPS装置

 ## 7.1 GPSの種類

　GPS装置にはさまざまな種類があります．GPS測位の精度，付随する機能，形状，データを記録する媒体などによって，あらゆる価格のさまざまな機種が選択できます．残念ながら，一般に，GPS装置の価格と比例して，高価なGPS装置のほうが測位精度は高くなります．ただし，幸いにして，近年の技術的な進歩のおかげで，比較的安いGPS装置でもかなり正確な位置情報を取得することが可能になってきました．

(1) ハンドヘルド型GPS（図 **7.1**）：手の平サイズで，実際に手に持って使うGPSです．GPS装置（すなわち携帯電話，カーナビではない装置）としてはもっとも普及しているGPSといえます．ハンドヘルド型は多機能一体型なので，GPS本体，アンテナ，データ記録用のメモリー，操作用のボタン，GPS衛星などに関する詳細情報を表示する画面が備わっています．また，機種によっては画面に地図を表示し，現在位置を確認することができます．ナビ機能は通常のハンドヘルド型GPSに備わっています．記録された位置情報は，USBケーブルでPCに接続してダウンロードするか，メモリーカードをGPS装置から抜いてPCにデータ

図 7.1　ハンドヘルド型 GPS

をコピーします.

(2) レシーバー型 GPS（図 **7.2**）：GPS 電波の受信機で，GPS 測位に特化した機種です．位置情報を記録するメモリーがないので，何らかの方法で位置情報を記録する機能のある PC やタブレットに通信します．その通信方法は USB などのケーブル，PC の周辺機器によく使われるブルートゥース（Bluetooth）による無線通信などの方法があります．通常は情報を表示する画面はなく，操作は接続先の PC かタブレットから行います．アンテナ内蔵の機種と，ケーブルで外部アンテナを接続する機種があります.

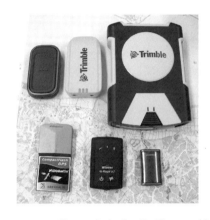

図 7.2　レシーバー型 GPS およびロガー型 GPS（右下 2 台）

(3) ロガー型 GPS：レシーバーにデータ記録用のメモリーが追加されている機種です．その名のとおり，前章で説明したトラックログを取得することに特化している機種です．位置情報は PC に接続してダウンロードします.

(4) その他一般向け GPS：携帯電話をはじめ，PC に差し込むカード型，PC の USB に接続する USB 型など，さまざまな種類の GPS が普及しています.

(5) 高機能・高精度 GPS：きわめて高価な機種となりますが，測位精度を 1 メートル以内（サブメーター GPS），あるいは「測量精度」といわれるセンチメートル以内の測位精度を誇る機種も存在します．これらは，特殊な GPS 電波を使用し，GPS の測位誤差を補正する DGPS 機能を備え，もっとも高度な機種は作業中に随時高精度測位を可能にする RTK 機能を備えます.

以上，簡単に説明しましたが，用途やお好みに合わせて機種を選択してください．一

般に，ハンドヘルド型のGPSが使いやすさの点では優れています．レシーバー型とロガー型はやや専門家向きですが，メリットとして，GPS衛星に関する詳細情報を取得して記録に残すことができます．ハンドヘルド型は，一般ユーザー向けということもあり，測位衛星に関する詳細情報を画面に表示しますが，それを記録できない機種が多いです．レシーバー型とロガー型はきわめて小型・軽量・安価な機種が多く，もっとも小型なものは親指サイズで，価格は1万円程度です．とくに，ロガー型は使用中にPCやタブレットに接続する必要はなく，一日のトラックログをひたすら記録し続けるためには便利です．

## 7.2 ソフトウェア

　GPSでデータを取得したところで，それをどのようにして使用するべきでしょうか．まずは，GPSの購入の際に，その機種に付属のソフトウェアがあるかを確かめてください．多くのGPS機種では，その機種専用のソフトウェアを乗せるCDやDVDがGPSとともに同じ箱に同梱されています．または，GPSの製造者や代理店によっては，ホームページで提供されるサポートから最新のソフトウェアをダウンロードすることができます．

　GPS付属のソフトウェアの役割は大まかにいって三つあります．

(1) GPSをコンピュータに接続するためのソフト：通常は，GPSをUSBケーブルでコンピュータに接続します．USB接続のためのドライバをコンピュータにインストールする必要がありますが，このドライバが付属されていることがあります．Bluetooth規格の無線接続を使用する場合は，コンピュータやタブレットに内蔵のBluetooth機能を使用しますので，新たなドライバは必要ありません．

(2) GPSの詳細設定と動作確認のためのコントロールソフト：操作用の画面もボタンもないロガー型とレシーバー型の場合，GPSの詳細な設定と動作確認はコンピュータから行います．コントロールソフトをコンピュータにインストールすると，GPSが記録するデータの種類を選択したり，測位中のGPS衛星の状況をコンピュータの画面で確認したりすることができます．ハンドヘルド型のGPSでは，これらの作業のほとんどはGPS自身の画面と操作ボタンで行います．

(3) GPSデータのダウンロード・表示ソフト：ログ機能をもつハンドヘルド型およびロガー型GPSの場合，位置情報はGPSの中に記録されています．ダウンロードソフトを使用すると，記録されているデータをコンピュータにダウンロードでき

ます．ソフトによっては，位置情報をすぐに地図上に表示します．また，デジタルカメラの写真を同じコンピュータに保管している場合，GPS データの測位時間を写真の撮影時間と比較して，写真に位置情報を格納する GPS のダウンロードソフトがあります．

なお，レシーバー型 GPS の場合，データは GPS 内に記録されません．レシーバーは USB または Bluetooth 接続を通して，測位データを常時流します．この流れてくる GPS データを，接続先のコンピュータまたはタブレットのコントロールソフトが受け止めます．コントロールソフトは GPS データを記録したり，その場で画面上に表示します．

コンピュータまたはタブレットで記録される GPS データは何らかの形式のファイルとなります．ファイル形式は各ソフト特有の場合と，より汎用的な場合があります．コントロールソフトでファイル形式を選択することが可能ですので，最終的な用途にあわせて，使いやすいファイル形式を選択してください．

汎用的なデータ形式のなかには，NMEA とよばれる GPS 業界に標準の形式があります．NMEA とは National Maritime Electronics Association の略で，当初は船舶用の GPS の規格として提案されましたが，現在は GPS の標準規格となっています．ここで，NMEA 形式について重要な点が二つあります．まず，レシーバー型 GPS が流すデータは NMEA 形式となる機種が多いです．ハンドヘルド型 GPS またはロガー型 GPS も，レシーバーとして使用する際には，各メーカーに特有の形式でデータを流す機種も多いですが，NMEA 形式でデータを流すことを選択できる機種が多くあります．その GPS データをコンピュータやタブレットにファイルとして保存する場合も，NMEA 形式で保存することが可能です．NMEA 形式ならば複数の GPS コンピュータソフトで読むことができるので，GPS データをソフトウェアの間を移行する場合にも便利です．

以上では GPS の製造者が提供する付属ソフトを紹介しましたが，より汎用的な GPS ソフトが普及しています．日本におけるその代表はカシミール 3D[†1]でしょう．無料版のカシミール 3D はインターネットからダウンロードして，コンピュータにインストールできます．カシミール 3D の当初の目的は，GPS データを標高データと組み合わせて，山地のハイキング経路を 3 次元で表示することでした．しかし，カシミール 3D の最大のメリットは，読み込んだ GPS データを国土地理院の地形図の上に表示で

---

[†1] http://www.kashmir3d.com
　「カシミール 3D 入門編」「カシミール 3D GPS 応用編」「カシミール 3D パーフェクトマスター編」など解説書も多数出ています．

きることといえます．コンピュータがインターネットに接続していることを確認した後に，カシミール3Dを起動すると，国土地理院提供の地図閲覧サービス「ウォッちず」から地形図をよんできて，GPSデータを見慣れた地形図上に表示します．また，一部のメーカーのGPSならば，カシミール3Dのなかからデータのダウンロードができます．GPSの機種によっては，メーカー提供のダウンロードソフトよりも効率よくデータのダウンロードと表示ができます．

　ほかにも，GPS処理用のソフトが広く普及しています．Googleなどによって提供されるGPSサービスはその一例です[†1]．また，紹介したリモートセンシングとGISのソフトウェアにもGPSデータを表示したり，記録したりする機能が含まれています．目的や使い方によって，お好みのソフトを選んでください．

---

[†1] Google Earth, Google Maps：Google社のホームページよりダウンロード．そのほか，GPSデータをkml形式に変換するソフトは多数あります．

# 第8章
# GPSの利用

 ## 8.1 リモートセンシング画像解析のための現地調査

　GPSとカメラを接続する方法としては，大きく分けて有線タイプと無線タイプがあります．有線タイプは文字どおり専用ケーブルやUSBケーブルなどの線を繋ぐものです．線が絡まったり，引っかかったりするため煩わしさがあります．もう一方はBluetoothによる無線接続です．線がないために煩わしさがなく，取り回しが楽という利点がある一方で，ペアリングが外れたときに気がつくのが遅れる危険性があります．

　GPSが内蔵されたデジタルカメラが各社から発売されるようになってきました．内蔵型の利点は，接続方法や後処理などの煩わしさがないことです．一方，GPSの受信に電池を消耗するため，カメラ単体よりも電池の減りが早いということに気をつける必要があります．また，GPSの細かい設定が可能な機種はそれほど多くありません．機種によっては測位間隔が15秒に1回の固定だったりしますので，注意が必要です．

　GPSのみならず，電子コンパスを搭載することで，撮影した画像に位置情報だけでなく，撮影方位を記録するものもあります（**図 8.1**）．この機能は現地調査時には非常に有効であり，むしろ必須といってよい機能です．写真を撮影した場所がわかっても方向が不明では，目標物が乏しく同じような風景の並ぶ水田地帯などでは，どの圃場を撮影したのかわからなくなってしまいます．

　デジタル写真に位置情報をもたせるには，基本的にJPEGフォーマットの**Exif**とよばれる部分に位置情報などを組み込むのが一般的です．カメラとGPS受信機が一

 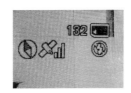

(a) 受信できていない状態　　(b) 受信できている状態

図 8.1　GPS・電子コンパス内蔵デジタルカメラのディスプレイ画面．
　　　　(a), (b) いずれも，電子コンパスがレンズの方向を示している

体になっているものでは，写真を撮影する際に自動的にExif部分に位置情報などが書き込まれます．また，デジカメに直接GPSを接続することができる場合も，同様のことが多いです．一方，デジカメとGPSが独立している場合は，撮影した写真とGPSの位置情報を後から紐付けることになります．その際は，撮影時刻をキーとしてGPSのログから位置情報を取り出し，JPEG画像のExif部分に書き込むという作業を行います．GPSカメラが一般的に用いられるようになってきたため，現在はこの作業が可能なフリーのソフトが各種あります．現地調査時のGPS写真の位置情報をもとにシェープファイルなどを作成し，衛星画像に重ねることで，グランドトゥルースデータとして有効に活用することができます．

> **コラム ⑫　アナログ版GPSカメラ**
>
> 　最近，各社がGPSを内蔵したデジタルカメラを発売するようになり，位置情報をもつ写真というものが特殊なものから一般的なものになってきました．位置情報と現状の状況を記録できるGPSカメラは現地調査に非常に有効です．
> 　しかし，このような機材が一般向けに販売されるようになったのは，ここ最近の話です．筆者がこの世界に入った十数年前，まだデジタルカメラ自体が珍しい時代で，高価な割には画素数も少なく（当時は30万画素とかでした … いまの携帯電話よりずっと性能が低いですね），アナログカメラ（フィルムカメラ）が主流でした．いまでしたら，デジタル写真データのExifにGPSのデジタルデータを格納すればよいのですが，アナログカメラではそうはいきません．位置情報は別にメモしたり，GPSの画像を撮ってから現場を撮影するなどして何とか位置情報と写真を紐付けていました．
> 　しかし，GPSの位置情報を写真に入れられるアナログ版GPSカメラが当時からあったのです．それが，コニカ社が1996年に発売したGPSカメラ「Land Master」です．このカメラは，位置情報，時刻，撮影方向をフィルムの上部に小さな7ドットLEDにより1文字7×5ドットで表現し，写真に写し込むのです．位置情報は写真を現像してから人間が読むしかありませんが，それでも非常に役に立ちました．ちなみに当時の定価は22万円！です．もちろん，フィルムカメラですので，現像するまでどんな写真になっているかわかりません．現地調査から帰ってきて，現像してみたら壊れていてガッカリなんてこともありました．

## 8.2　農地・農村の記録：写真を撮るなら，位置も記録しよう

　農業普及員の方が，作物の稔り具合，鳥獣被害の痕跡，農地設備の破損など，さまざまな状況を観察しながら，一日に複数の農地を視察し，その際に現場を写真に収めることもあるでしょう．写真を撮るならば，どこの写真なのか忘れないように，その位置も記録してください．筆記でメモされる方もいらっしゃるでしょうが，どのよう

に記録するのでしょうか．地形図に印を書くのもかまいませんが，「〇〇集落の〇〇さんの上のほうの田圃」というようなメモになっていませんか．GPS をもっていれば，写真を撮った時点で GPS の位置記録ボタンも押して，その場所を簡単に記録できます．GPS は緯度・経度などの地図上の位置として記録を保存します．携帯電話の機種によっては，位置記録機能をオンにしておけば，撮影した写真に位置情報が書き込まれます．

　一般に市販されている地図はとても便利ですが，農村にあるすべての設備や道が書いてあるわけではありません．車道ならば地図に記載されていることがふつうですが，よく使用する歩道などは記載されていないかもしれません．あるいは，農地設備はふつうの地形図や，古くなった農地地図に記載されていないかもしれません．地図に書いていない農地設備や道を地図に加える作業を自分で効率よく実施する方法の一つとして，GPS を使うことができます．設備のある場所に立って GPS のボタンを押して位置を記録したり，GPS の記録機能を ON にしたままで経路を歩くなどしてたどっていくことにより，地図に加えられる位置情報を取得できます．GIS に流し込めるように GPS データを取得しておけば，効率よく地図を作成できます．

　GPS を使って日々の作業の移動路と時間を記録する作業日誌をつくることもできます．農地の中を複雑な経路で作業をこなしていく方にとって，毎日の作業を記録していくために GPS はとても便利です．GPS は位置を継続的に記録するように設定することができます．GPS を持ちながら，作業開始とともに GPS のスイッチを入れて，作業終了とともにスイッチを切るだけで，その日の何時にどこにいたかが記録されていきます．後に写真やメモと移動経路を対応させることもできます（通常は時間で対応させます）．カーナビに似た農村ナビも GPS の役割です．ご自分の農地ならば，迷子になることはないでしょうが，作業員が多い状況では，GPS は農作業を支援する道案内の道具として使えます．GPS 機種の多くにはナビ機能が備わっています．ナビ機能を使って行先と経路を記録して，初めて行く農地に向かう作業員も素早く作業現場へ到着することが可能です．携帯電話の機種によっては，その電話の GPS で取得した位置情報をメールして，「私は現在ここにいます」と伝えることができます．

 ## 8.3　精密農業での利用

　GPS はカーナビなどすでに多くの分野で実用的に使われるようになっています．もちろん，農業分野においても GPS の利用は進んでいます．たとえば，田植え機やトラクターで作業を行う際，遠くの木や圃場の端にポールを立てるなどして目印を設定し走行しますが，それでも隙間なく真っ直ぐに走行するためには熟練の技術が必要にな

ります．このように目標物が乏しい圃場内で作業を行う際，位置がわかる GPS は非常に重要なツールとなります．現在，GPS を利用することで圃場の形状や凹凸などを記録し，トラクターでの農作業へ活かす民生用の機械として **GPS ガイダンスシステム**が数社より販売されています．

ここでは，ニコン・トリンブル社の製品を例に説明をします．この装置は，圃場の外周を一度一周することで圃場の形状をマッピングし，あとはトラクター作業の幅やオーバーラップと基本となるラインを一本入力することにより，一筆書きで最適な走行ルートを計算して液晶画面に表示します．さらに，走行して作業している間も，自分の位置を測位し続けることで計算されたルートから外れていないかをチェックし，中心線からのズレに応じて LED の色と数で，どの方向にどのくらいハンドルを切ればコースに戻れるか案内するというものです（図 **8.2**）．さらに，その情報に基づいて自動的にハンドルを操作するオプションも用意されています．

作業機幅設定

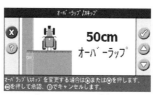
オーバーラップ表示

図 8.2 　外観（液晶画面，ボタン類，指示表示 LED）およびトラクター作業の幅や
　　　　オーバーラップの設定画面　ⓒTrimble 社

さらに対応した農作業機種では，GPS から求めた車速情報を渡すことで，車速に応じた可変施肥，スプレー散布が可能となっています．これにより，圃場内の施肥や施薬のムラをなくし，均一にすることができます．このように，一つの圃場の中で細かく農作業をコントロールし，作物の生産量を向上させたり，環境負荷を低減するような農業を**精密農業**とよびます．またこの機械は，これらの作業データを USB メモリでパソコンに転送することも可能となっています（図 **8.3**）．

GPS ガイダンスシステムを用いることにより，目印のない圃場や傾斜のある大きな

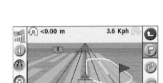
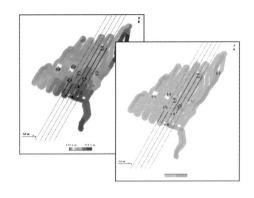

図 8.3　作業記録のマッピング　©Trimble 社

圃場でも，隙間なく作業ができ，さらに作業効率の向上による時間・燃料費などの軽減を図ることも可能です．また，夜間など暗い状況でも作業が可能となります．直線で走行できる距離が長い，広い農地でより効果を発揮することもあり，GPS ガイダンスシステムは北海道を中心に利用が広がっており，2016 年までの国内出荷台数約 6500 台のうち，8 割以上を占めています．

　また，研究段階のトラクターや田植機の自動運転でも GPS による位置情報が使われています．この際，精密農業という言葉に象徴されるように，要求される圃場内の位置情報精度は非常に高くなります．GPS 単精度では 10 m 程度の誤差を有しているため，短辺が 30 m の標準区画圃場では使い物になりません．そこで，**DGPS** (differential GPS)，静止衛星からの補強信号（SBAS: satellite-based augmentation system/WAAS（米国），EGNOS（欧州），MSAS（日本）），**RTK-GPS** (real time kinematic GPS)，VRS-GPS（virtual reference station，仮想基準点方式 RTK-GPS），FKP-GPS（FKP: Flächen Korrektur Parameter，面補正基準点方式 RTK-GPS）などの位置精度を上げる技術が使われています．DGPS であれば，50 cm 程度の誤差で位置を把握することができ，RTK-GPS であれば 2〜3 cm という高い精度が得られ，30 a の標準区画圃場での作業には RTK-GPS の精度が必要となります．一方，RTK-GPS は現状では非常に高価であり，さらに電子基準点や固定局（非常に正確な既知の位置情報を有する地点．たとえば三角点など）における同時測位や通信などの環境を準備する必要があります．

## コラム ⑬　準天頂衛星「みちびき」

　GPS による測位情報は私たちの暮らしに欠かせないものとなりつつあります．測位衛星により位置を特定するためには，最低 4 機の人工衛星から信号を受信する必要があります．米国の GPS 衛星は約 30 機が地球を周回しており，このうち 4 機以上が自分の位置から見えればよいのです．しかし，都市部や山間地では，ビルや山などが障害となって 4 機の人工衛星を捉えられず，測位結果に大きな誤差が出ることがたびたびあります．**準天頂衛星システム (QZSS)** は「準天頂軌道」という日本のほぼ天頂（真上）を通る軌道をもつ人工衛星を複数機組み合わせた衛星システムで，現在運用中の GPS 信号や開発中の新型 GPS 信号とほぼ同じ測位信号を送信することで，日本国内の山間部や都心部の高層ビル街などでも，測位できる場所や時間を広げることができます．さらに準天頂衛星システムは，補強信号の送信などにより，測位精度の向上もめざしています．

　準天頂衛星が，日本の天頂付近に常に 1 機以上見えるようにするためには，最低 3 機の衛星が必要となります．したがって，現在の 1 機体制ではまだ「常に」とはいきません．2010 年に準天頂衛星初号機「みちびき」が打ち上げられ，準天頂衛星システムの第 1 段階として技術立証・利用立証が行われました．その後，2017 年 6 月から 10 月にかけ 2 号機～4 号機が順次打ち上げられ，4 機体制が整いました．2018 年 11 月より一般ユーザー向けサービスが開始される予定になっています．

# 参考文献

[1] 杉本智彦：改訂新版 カシミール 3D 入門編. 実業之日本社, 2010.
[2] 高橋玉樹：GPS フィールド活用ガイド. 山と渓谷社, 2006.
[3] トランジスタ技術編集部：GPS のしくみと応用技術―測位原理、受信データの詳細から応用製作まで. CQ 出版, 2009.
[4] 全国林業改良普及協会 編：林業 GPS 徹底活用術, 全国林業改良普及協会, 2009.
[5] 全国林業改良普及協会 編：続・林業 GPS 徹底活用術 応用編, 全国林業改良普及協会, 2010.

# さくいん

●英　数

Agro-MAPS　　図解⑨
ALOS　　30
Bluetooth 規格　　139
$CO_2$ 放出　　図解④
CWSI　　17
DEM　　122
DGPS　　134, 146
DOP　　131
DVI　　12
EVI　　13, 74
Exif　　142
Galileo　　130
GeoServer　　103
GIS　　i
GLONASS　　130
GNSS　　130
Google Maps　　2
GPP　　66
GPS　　i, 130
GPS ガイダンスシステム　　145
GPS カメラ　　143
GRASS　　103
ICT 農業　　図解①
IRNSS　　130
ISODATA 法　　61
LAI　　43, 83
Landsat　　2, 85
Landsat TM/ETM+　　59
LIDAR　　26, 28
LSWI　　74
MapServer　　103
MODIS　　図解⑤, 図解⑥, 43, 64
MSAS　　134
NDSI　　36
NDVI　　13
NMEA　　140
$NRBI_{NIR}$　　41
OSGeo-Live　　104
OSGeo4W　　104
PLS 回帰法　　37
PVI　　12
QGIS　　102
QZSS　　130, 147

RSI　　37
RTK-GPS　　146
RVI　　13
SAR　　図解③, 18
SAVI　　13
SBAS　　134
SMF　　64
spectral cube　　47
UTM 図法　　95
water-point 法　　83
WDI　　17
WDRVI　　66
WDVI　　12
WebGIS　　56

●あ　行

アルゴリズム　　38
位置情報　　95
緯度・経度　　95
ウェイポイント　　131
エビ養殖　　75
オーバーレイ　　108
オープンソース　　99
オルソ画像　　102

●か　行

外観品質　　図解②
可視 (visible)　　3
画像重複率　　44
環境負荷　　120
環境保全　　i
観測範囲　　8
幾何補正　　113
基盤地図情報数値標高モデル　　102
教師なし分類　　61
鏡面反射　　20
極軌道衛星　　30
近赤外 (near infrared)　　3
空間情報技術　　i
空間特性　　6
クラスタ分類法　　61
クロロフィル量　　58
群落窒素含有量　　図解②
携帯型センサ　　22

経路分析　110
玄米タンパク質含有率　47
高解像度衛星　2
高解像度光学衛星　53
光学衛星　図解③
高機能・高精度GPS　138
航空機SAR　50
光合成速度　9
光合成有効放射吸収率　68
合成開口レーダ　18
高頻度観測衛星　53
後方散乱　18
後方散乱係数　80, 83
コーナーリフレクタ　52
コンステレーション　32

●さ　行
災害履歴　120
作付面積　59
作況予察　5
サーモグラフィ　15
産業用無人ヘリコプター　23
時間特性　6
色素濃度　9
時系列衛星データ　図解④, 76
自然地名　121
実質観測頻度　7
実質地上解像度　7
斜方視観測　11
斜方視機能　31
収穫適期　55
周波数　20, 81
準天頂衛星システム　147
蒸散・蒸発散　16
植生指数　12, 74
食糧生産　i
信号特性　6
迅速測図　112, 122
振幅　20
推定誤差　131
水田分布図　59
水稲栽培体系　75
水分　9
数値標高モデル　122
スクリーニング　17
スペックルノイズ　19
スマート農業　46
正規化植生指数　13
正規化分光反射指数　36

静止衛星　30
生物生息地　114
精密農業　145
セグメンテーション処理　78
施肥診断　図解②, 57
全地球測位システム　i, 130
総一次生産量　66
属性データ　97
測地系　96

●た　行
単位収量　70
単位面積　8
炭素固定　図解④
炭素ストック　76
短波長赤外 (shortwave infrared)　3
地球環境変動　i
地球観測　10
地図座標　95
窒素濃度　9
超小型衛星　32
地理院タイル　101
地理空間情報　91
地理情報システム　i, 90
ディゾルブ　108
適時性　8
投影法　95
土地利用管理シナリオ　80
土地利用図　図解③
土地利用分類　75
トラックログ　131
ドローン　2, 14

●な　行
入射角　81
熱赤外　3
熱赤外放射測温　15
ネットワークカメラ　図解①

●は　行
バイオマス　9
ハイパースペクトル　図解②, 6
波長解像度　6
波長帯域　6
波長特性　8
発病予測　16
バッファー分析　109
バンド　3
ハンドヘルド型GPS　137

被害調査　5
飛行船　23
標準反射板　22
フェノロジー　64
ブラッグ散乱　51
プラットフォーム　3
フルポラリメトリ　21
分光指数　12
分光反射指数　36
分光反射率　36
分類精度　62
平面直角図法　96
ベクター形式　97
偏波　81
偏波面　20
ポインティング機能　31
ポイント　97
北斗　130
ポラリメトリックSAR　21
ポリゴン　56, 97

● ま 行
マイクロ波　3, 17
マルチスペクトル　6, 14
水指数　74
水ストレス　16

みちびき　147
無人航空機　2, 14
目視判読　62
モザイク　45
モニタリング　図解①

● や 行
焼畑生態系　76
誘電率　20
ユニバーサル横メルカトール図法　95
葉温　15
葉面積指数　43, 83

● ら
ライン　97
ラスター形式　97
ラバー・シーティング　113
リモートセンシング　i, 3
流域圏　118
累積コスト法　114
レイオーバ　19
レーザプロファイラ　28
レシーバー型GPS　138
レーダシャドウ　20
ロガー型GPS　138

執筆担当部分

| | | |
|---|---|---|
| 井上 | Part I : | はじめに，1.1 節，1.2.1 項，1.2.2 項，1.3.1 項，1.3.2 項，1.3.3 項，2.1.1 項，2.2.1 項，2.2.2 項，2.3.1 項，2.3.6 項，2.3.7 項 |
| | Part II : | 5.3 節 |
| | | 図解②，④ |
| | | コラム③，④，⑤ |
| 坂本 | Part I : | 2.1.2 項，2.3.3 項，2.3.4 項，2.3.5 項 |
| | | 図解①，⑤，⑥，⑧，⑨ |
| | | コラム⑦ |
| 岡本 | Part I : | 2.3.2 項 |
| | Part II : | 5.4 節 |
| | | コラム② |
| 石塚 | Part I : | 1.2.3 項，1.3.4 項，2.2.3 項 |
| | Part III : | 8.1 節，8.3 節 |
| | | 図解③，⑦ |
| | | コラム①，⑥，⑫，⑬ |
| Sprague | Part II : | はじめに，3.2 節，4.1.1 項，5.1 節 |
| | Part III : | はじめに，第6章，第7章，8.2 節 |
| | | コラム⑨，⑪ |
| 岩崎 | Part II : | 3.1 節，4.1.2 項，4.2 節，4.3 節，5.2 節 |
| | | コラム⑧，⑩ |

## 謝辞

本書の解説において示した多くの研究成果は，独立行政法人農業環境技術研究所（現国立研究開発法人農研機構 農業環境変動研究センター）の研究支援部門の方々ほか，国内外の多くの大学，試験研究機関の方々の協力を得てなされたものであり，ここに特記して謝意を表する．なお，これらの成果は，文部科学省科学研究費，環境省地球環境総合研究推進費，文部科学省地球観測技術等調査研究費，総合科学技術・イノベーション会議の戦略的イノベーション創造プログラムなど多くの研究支援事業の支援によるものである．

### 編著者略歴

**井上　吉雄（いのうえ・よしお）**

所属：東京大学 先端科学技術研究センター 特任研究員．
1976 年：京都大学工学部卒業．京都大学大学院工学研究科および農学研究科を経て，1981 年：農林水産省入省．農業研究センター研究員．1986～1987 年：米国水資源管理研究所客員研究員．1991～2014 年：農業環境技術研究所（研究リーダー等）．1996～2015 年：筑波大学大学院教授（併任）．2009 年：オランダ国際空間情報科学地球観測研究所客員教授．2015～2018 年：（国研）農研機構 農業環境変動研究センター特別研究員．農学博士（京都大学，1988）．
研究テーマ：植物・生態系の計測と動態解明．日本作物学会賞，Plant Production Science 論文賞，日本農業気象学会論文賞，日本リモートセンシング学会論文賞，文部科学大臣賞（科学技術賞）等．

### 著者略歴

**坂本　利弘（さかもと・としひろ）**

所属：（国研）農研機構 農業環境変動研究センター 主任研究員．
2001 年：京都大学農学部卒業．2002 年：京都大学大学院農学研究科中退．（独）農業環境技術研究所採用．博士（農学）（京都大学，2008）．2008～2010 年：ネブラスカ州立大学リンカーン校客員研究員．2015 年：農林水産省農林水産技術会議事務局 研究専門官．
研究テーマ：高頻度観測衛星データを用いた農業環境情報の広域把握手法の開発（洪水・ファーミングシステム・作物フェノロジーの時空間変化分析）．デジタルカメラデータを用いた作物生育の定点モニタリング手法の開発．システム農学会北村賞（2006）．日本リモートセンシング学会優秀論文発表賞（2011）．

**岡本　勝男（おかもと・かつお）**

所属：国土防災技術（株）参与．
1979 年：静岡大学卒業．1981 年：静岡大学大学院修了．ソニー（株）入社．システム・ソフトウェアの開発に従事．1988 年：農林水産省入省．（独）農業環境技術研究所（上席研究員等）．2017 年：国土防災技術（株）入社．農学博士（岐阜大学，1998）．
研究テーマ：空間情報を用いた穀物生産地域推定．民俗学的防災など．Taylor & Francis Best Letter Award (1998)．システム農学会論文賞（1999）．

**石塚　直樹（いしつか・なおき）**

所属：（国研）農研機構 農業環境変動研究センター 上級研究員．
1998 年：筑波大学大学院環境科学研究科修了．1998 年～：農林水産省農業環境技術研究所にて重点研究支援協力員．2005 年～：（独）農業環境技術研究所で任期付研究員．2009 年：（独）農業環境技術研究所研究員．博士（経営情報学）（東京情報大学，2004）．
研究テーマ：各種衛星データを用いた農地分類，合成開口レーダ（SAR）を用いた農地観測等．

**David Sprague（デイビッド・スプレイグ）**

所属：（国研）農研機構 農業環境変動研究センター ユニット長．
1989 年：米国エール大学人類学博士課程修了．人類学博士．学術振興会外国人特別研究員（京都大学）．筑波大学講師などを経て，1998 年～：（独）農業環境技術研究所（上席研究員等）．
研究テーマ：GIS とリモートセンシングを用いた歴史的土地利用および野生生物生息地の時系列変化．統計情報研究開発センター・シンフォニカ統計 GIS 活動奨励賞（共同，2008）．

**岩崎　亘典（いわさき・のぶすけ）**

所属：（国研）農研機構 農業環境変動研究センター ユニット長．
1996 年：東京都立大学 B 類卒業．2002 年：東京工業大学大学院博士後期課程修了．博士（理学）．2002 年～：（独）農業環境技術研究所 任期付研究員．
研究テーマ：オープンソースの GIS ソフトウェア（FOSS4G）を活用した農業環境の土地利用変化や空間構造変動の評価．WebGIS を活用した成果の公表に関する研究．OSGeo 財団日本支部運営委員．シンフォニカ統計 GIS 活動奨励賞（共同，2007），日本 OSS 奨励賞（OSGeo 財団日本支部，2010）．

| 編集担当 | 藤原祐介(森北出版) |
|---|---|
| 編集責任 | 石田昇司(森北出版) |
| 組　　版 | 藤原印刷 |
| 印　　刷 | 同 |
| 製　　本 | 同 |

農業と環境調査のための
リモートセンシング・GIS・GPS 活用ガイド
© 井上吉雄・坂本利弘・岡本勝男・石塚直樹・David Sprague・岩崎亘典
*2019*

2019 年 1 月 23 日　第 1 版第 1 刷発行　【本書の無断転載を禁ず】
2021 年 6 月 30 日　第 1 版第 2 刷発行

編 著 者　井上吉雄
発 行 者　森北博巳
発 行 所　森北出版株式会社
　　　　　東京都千代田区富士見 1-4-11（〒102-0071）
　　　　　電話 03-3265-8341／FAX 03-3264-8709
　　　　　https://www.morikita.co.jp/
　　　　　日本書籍出版協会・自然科学書協会　会員
　　　　　JCOPY ＜(一社)出版者著作権管理機構　委託出版物＞

落丁・乱丁本はお取替えいたします．
Printed in Japan／ISBN978-4-627-20201-6